电气控制系统故障检修

甘 亮 曾志华 著

北京工业大学出版社

图书在版编目（CIP）数据

电气控制系统故障检修 / 甘亮，曾志华著 . — 北京：
北京工业大学出版社，2018.12（2021.5 重印）

ISBN 978-7-5639-6503-8

Ⅰ . ①电… Ⅱ . ①甘… ②曾… Ⅲ . ①电气控制系统
－故障修复－职业教育－教材 Ⅳ . ① TM921.507

中国版本图书馆 CIP 数据核字（2019）第 021890 号

电气控制系统故障检修

著　　者：甘　亮　曾志华

责任编辑：齐雪娇

封面设计：点墨轩阁

出版发行：北京工业大学出版社

　　　　　（北京市朝阳区平乐园 100 号　邮编：100124）

　　　　　010-67391722（传真）　bgdcbs@sina.com

经销单位：全国各地新华书店

承印单位：三河市明华印务有限公司

开　　本：787 毫米 ×1092 毫米　1/16

印　　张：15.25

字　　数：331 千字

版　　次：2018 年 12 月第 1 版

印　　次：2021 年 5 月第 2 次印刷

标准书号：ISBN 978-7-5639-6503-8

定　　价：79.80 元

前　言

为响应教育部提出的中等职业教育应"以就业为导向，以能力为本位"的指导精神，作者写作本书采用项目教学模式，在取材和写作的过程中，精简并整合了理论知识部分的内容，注重和强化实际动手操作环节，强调使学生"学以致用"，所学技能具有可持续发展性。

本书主要内容包括典型低压电器的拆装、检修及调试，三相异步电动机基本控制线路及其安装、调试、故障处理，按钮和时间继电器控制双速异步电动机变速控制线路安装、调试、故障处理，绕线式异步电动机控制系统安装、调试、故障处理，典型机床线路调试及故障处理，共 5 个项目、17 个实训任务。教材内容由浅入深，合理地安排知识点、技能点及拓展环节，以生活中的实例作为实训项目，实践性强。教学过程注重过程评价，符合中等职业学校学生的认知规律，也是教学改革的有益实践。

在学习本书的过程中，应注意以下几点。

① 做到实践操作与相关理论知识相结合，通过典型的工作任务，使学生在实践中掌握解决问题的方法和技能。

② 努力正确地处理理论知识学习和技能训练的关系，在懂得和掌握了理论知识的基础上，用理论指导实际，用实际验证理论，加深对理论联系实际的重要性的理解，加强自身的动手操作技能。

③ 密切联系生活实际。学生应在指导教师的演示、指导、帮助下，刻苦钻研，积累经验，总结规律，循序渐进，培养独立分析问题、解决实际问题的能力。

④ 在技能实训过程中，严格按照安全操作规程进行，努力做到安全文明生产与实训。

由于作者水平有限，书中不足之处在所难免。在此，恳请广大读者批评指正。

作　者
2018 年 8 月

目 录

绪　论

1. 电气控制系统故障概述

安全性和可靠性是电气控制系统的两个重要指标。在设计阶段，就应充分考虑各种可能出现的故障，并制定出相应的预防措施和处理措施。在电气控制系统的运行维护阶段，应及时排查各类故障，保证电气控制系统的正常运行。

对于一些典型的电气控制系统故障，可以作为案例来获取经验。常见的故障如下。

① 过负载。过负载体现为电机的电流超过了额定电流。造成电机过负载的原因有很多，如负载、电压骤然大幅度增高，电机缺相运行等。

② 短路。短路包括两相短路、三相短路、一相接地短路，以及电机和变压器一相绕组中的匝间短路等。

③ 过电流。过电流指的是元器件或电动机超过了限定电流的运行状态，通常比短路电流要小，很少超过 6 倍额定电流。过电流故障的原因多是错误的启动及负载转矩过大。

④ 电源缺相。交流异步电动机在常规工作中，当三相电源包含的一相熔断器熔断，就会引发电动机缺相运行。

2. 调查方法

机床发生电气故障后，切忌盲目动手检修。在检修前，应通过"问、看、听、摸"来了解故障发生前后的操作情况和故障发生后的异常现象，以便根据故障现象确定故障发生的部位，进而排除故障。

问：询问操作者故障前后电路和设备的运行状况，以及故障发生后的症状，故障是经常发生还是偶尔发生；是否有异常响声、冒烟、火花、异常振动等征兆；故障发生前有无切削力过大和频繁启动、停止、制动等情况；有无经过保养检修或改动线路；等等。

看：查看故障发生前是否存在明显的外观征兆；有指示装置的熔断器，查看指示情况；保护电器脱扣动作；接线脱落；触头烧毛或熔焊；线圈过热烧毁；等等。

听：在线路还能运行和不损坏设备的前提下，可通电试车，细听电动机接触器和继电器等电器的声音是否正常。

摸：切断电源后，尽快用手触摸检查电动机、变压器、电磁线圈及熔断器等，看是否存在过热现象。

3. 故障分析

在处理故障之前，对各部分电气设备的构造、动作原理、调节方法及各部分电气设备之间的联系，应全面了解，做到心中有数。机床性能方面的故障，大体可分为两大类：一是设备不能进行规定的动作，或达不到规定的性能指标；二是设备出现了非规定的动作，或出现了不应有的现象。对于前者，应从原理上分析设备进行规定动作以及达到规定性能指标应满足的条件，检查这些条件是否全部满足，查找没有满足的条件及原因。对于后者，应分析产生故障动作需满足的条件，并检查此时出现了哪些不应有的条件，从而找出误动作的原因。总之，应从设备动作原理着手分析，首先查找故障的大范围，然后逐级检查，从粗到细，直到最终找到故障点，并加以排除。对于一些故障现象，不能盲目进行简单处理，应根据这些现象产生的部位，分析产生的原因，经过逐步试验，确定问题之所在，排除故障后再通电试车。切忌贸然行事，使故障扩大，或造成人身、设备事故。

检修简单的电气控制线路时，应根据电路图，采用逻辑分析法，对故障现象做具体分析，划出可疑范围，提高维修的针对性，就可以收到准而快的效果。分析电路时先从主电路入手，了解工业机械各运动部件和机构采用了几台电动机拖动，与每台电动机相关的电器元件有哪些，采用了何种控制，然后根据电动机主电路所用电路元件的文字符号、图区号及控制要求，找到相应的控制电路。在此基础上，结合故障现象和线路工作原理，进行认真的分析排查，即可迅速判定故障发生的可能范围。当故障的可疑范围较大时，不必按部就班地逐级进行检查，这时可在故障范围的中间环节进行检查，来判断故障究竟发生在哪一部分，从而缩小故障范围，提高检修速度。

在确定了故障的可能范围后，可对范围内的电器元件及连接导线进行外观检查，如熔断器的熔体熔断、行程开关的位置调整不合适、导线接头松动或脱落、接触器和继电器的触头脱落或接触不良、线圈烧坏使表层绝缘纸烧焦变色、烧化的绝缘清漆流出、弹簧脱落或断裂、电气开关的动作机构受阻失灵等，能够清晰地表明故障点的位置。

经外观检查未发现故障点时，可根据故障现象，结合电路图分析故障原因，在不扩大故障范围、不损伤电气和机械设备的前提下，进行直接通电实验，或去除负载通电试验，以确定故障在电气部分还是在机械等其他部分，是在电动机上还是在控制设备上，是在主电路上还是在控制电路上。若接触器吸合电动机不动作，则故障在主电路中；若接触器不吸合，则故障在控制电路中。一般应先检查控制电路，具体做法是：操作某一按钮或各种开关时，线路中有关的接触器、继电器将按规定的动作顺序进行工作，若依次动作至某一电器元件时，发现动作不符合要求，即说明该电器元件或其相关电路有问题；再在此电路中进行逐项分析和检查，一般即可发现故障。待控制电路的故障排除并恢复正常后再接通主电路，检查对主电路的控制效果，查看主电路的工作情况有无异常等。

4. 故障处理前的工作

① 询问调查。在接到机床现场出现故障要求排除的信息时，首先应要求操作者尽量保持现场故障状态，不做任何处理，这样有利于迅速精确地分析故障原因；同时仔

细询问故障指示情况及故障产生的背景情况，依此做出初步判断。

② 现场检查。到达现场后，首先要验证操作者提供的各种情况的准确性、完整性，从而核实初步判断的准确度。不要急于动手处理，仔细调查各种情况，以免破坏了现场，使排除故障增加难度。

③ 故障分析。根据已知的故障状况分析故障类型，从而确定排除故障原则。由于大多数故障是有指示的，所以一般情况下，对照机床配套的诊断手册和使用说明书，可以列出产生该故障的多种可能的原因。

④ 确定原因。对多种可能的原因，进行分析，找出本次故障的真正原因，当然可能需要多次测试，这是对维修人员对该机床熟悉程度、知识水平、实践经验和分析判断能力的综合考验。

5. 常用诊断方法

① 直观法就是直接利用感官检查的方法。

它主要利用人的感官对故障发生时的各种光、声、味等异常现象的观察以及查看系统的每一处，遵循先外后内的原则，诊断故障采用望、闻、问、摸等方法，由外向内逐一检查，往往可将故障范围缩小到一个模块或一块印制电路板。这要求维修人员具有丰富的实际经验，要有多学科的综合知识和综合判断的能力。

② 接口状态检查法对维修人员的要求较高。现代数控系统多将可编程序控制器（PLC）集成于其中，而计算机数控（CNC）与可编程序控制器之间以一系列接口信号形式相互通信。有些故障是与接口信号错误或丢失相关的，这些接口信号有的可以在相应的接口板和输入/输出板上有指示灯显示，有的可以通过简单操作在显示器上显示，而所有接口信号都可以用可编程序控制器调出。这种检查方法要求维修人员既要熟悉本机床的接口信号，又要熟悉可编程序控制器的应用。

③ 参数调整法是很常见的，数控参数直接影响数控机床的性能。数控系统、可编程序控制器及伺服驱动系统都设置许多可修改的参数以适应不同机床、不同工作状态的要求。这些参数不仅能使各电气系统与具体机床相匹配，更是使机床各项功能达到最佳化所必需的。因此，任何参数的变化甚至丢失都是不允许的。机床的长期运行所引起的机械或电气性能的变化，会导致最初的匹配状态和最佳化状态发生变化。此类故障多需要重新调整相关的一个或多个参数方可排除。这种方法对维修人员的要求很高，不仅要对具体系统参数十分了解，即知晓其地址、熟悉其作用，更要有较丰富的电气调试经验。

④ 交换法是一种简单易行的方法。当发现故障或者不能确定故障板而又没有备件的情况下，可以将系统中相同或相兼容的两个板互换检查。在交换前一定要注意所要模板是否完好，状态是否一致，故不仅硬件接线要正确交换，还要将一系列相应的参数交换，否则不仅达不到目的，反而会产生新的故障，造成混乱。一定要事先考虑周全，设计好软、硬件交换方案，确保准确无误再进行交换检查。

6. 诊断实施

如前所述，电气故障的分析过程也就是故障的排除过程，因此需要了解电气控制系统故障的一些常用诊断方法。

（1）电源故障

电源是维修系统乃至整个机床正常工作的能量来源，它的失效或者故障轻者会丢失数据，造成停机，重者会毁坏系统局部甚至全部。

（2）数控系统位置环故障

① 位置环报警。可能是位置测量回路开路、测量元件损坏、位置控制建立的接口信号不存在等。

② 坐标轴在没有指令的情况下产生运动，可能是漂移过大、位置环或速度环接成正反馈、反馈接线开路、测量元件损坏。

（3）机床动态特性变差

工件加工质量下降，甚至在一定速度下机床发生振动，很大一种可能是机械传动系统间隙过大甚至磨损严重，或者导轨润滑不充分甚至磨损造成的。对于电气控制系统来说则可能是速度环、位置环和相关参数已不在最佳匹配状态，应在机械故障基本排除后重新进行最佳化调整。

（4）机床坐标找不到零点

原因可能是零方向在远离零点、编码器损坏或接线开路、光栅零点标记移位、回零减速开关失灵。

（5）偶发性停机故障

这里有两种可能的情况：一种是如前所述的相关软件设计问题造成在某些特定的操作与功能运行组合下的停机故障，一般在机床断电后重新通电便可消失；另一种是由环境条件引起的，如强力干扰（电网或周边设备）、温度过高、湿度过大等，这种环境因素容易被人们所忽视。

7. 注意事项

① 从整机上取出某块线路板时，应注意记录其相应的位置和连接的电缆号，对于固定安装的线路板，还应按前后取下相应的压接部件及螺钉做记录。拆卸下的压件及螺钉应放在专门的盒内，以免丢失，装配后，盒内的东西应全部用上，否则装配不完整。

② 电烙铁应放在顺手的前方，远离维修线路板。烙铁头应作适当的修整，以适应集成电路的焊接，并避免焊接时碰伤其他元器件。

③ 线路板上大多刷有阻焊膜，因此测量时应找到相应的焊点作为测试点，不要铲除焊膜，有的板子上整体刷有绝缘层，则只能在焊点处用刀片刮开绝缘层。

④ 测量线路间的阻值时，应断开电源，测阻值时应红黑表笔互换测量两次，以阻值大的为参考值。

⑤ 不应随意切断印刷线路。有的维修人员具有一定的家电维修经验，习惯断线检

查，但数控设备上的线路板大多是双面金属孔板或多层孔化板，印刷线路细而密，一旦切断不易焊接，且切线时容易误切断相邻的线；再则有的点，在切断某一根线时，并不能使其和线路脱离，需要同时切断几根线才行。

⑥ 更换新的元器件，其引脚应作适当的处理，焊接时不应使用酸性焊油。

⑦ 不应随意拆换元器件。有的维修人员在没有确定故障元器件的情况下，只凭感觉判断某个元器件损坏就立即拆换，这样误判率较高，拆下的元器件人为损坏率也较高。

⑧ 拆卸元件时应使用吸锡器及吸锡绳，切忌硬取。同一焊盘不应长时间加热及重复拆卸，以免损坏焊盘。

⑨ 记录线路上的开关、跳线位置，不应随意改变。进行两极以上的对照检查时，或互换元器件时，注意标记各板上的元器件，以免错乱，致使好板亦不能工作。

⑩ 查清线路板的电源配置及种类，根据需要可分别供电或全部供电。应注意高压，有的线路板直接接入高压，或板内有高压发生器，需适当绝缘，操作时应特别注意。

项目1
典型低压电器的拆装、检修及调试

教学目标

通过本项目的讲解，应了解典型的低压电器的种类、型号，掌握典型低压电器的拆装、维修，熟悉典型低压电器的功能、结构，熟记典型低压电器的图形符号和文字符号。

安全规范

① 低压电器的安装，应按现行国家标准进行施工。

② 低压电器均应符合国家现行技术标准，并应有合格证件；设备标准的应有铭牌。

③ 低压电器铭牌、型号、规格应与被控制线路或者设计相符。

④ 灭弧罩、瓷件、胶木电器应无可见裂纹和伤痕。

⑤ 低压电器安装高度应符合设计规定。

技能要求

① 能根据三相异步电动机铭牌数据正确选用低压电器的型号和规格。

② 能根据低压电器的外形结构识别各种电器。

③ 能熟练拆装典型低压电器元件。

④ 能熟练维修典型低压电器元件。

⑤ 能正确调整典型低压电器的各种参数。

任务 1

认识并拆装典型低压配电电器
——低压开关、低压熔断器和主令电器

场景描述

你认识这些图片（图 1.1）上的元器件吗？知道它们有什么作用吗？在工厂或者企业车间的机床或者控制柜上，可以找到它们。

图 1.1　常见的典型低压电器

任务目标

技能点：① 识别和拆装各种典型低压电器。

② 正确使用常用电工工具。

知识点：① 典型低压电器的功能、型号和文字图形符号。

② 典型低压电器的工作原理。

工作任务流程

本任务流程如图 1.2 所示。

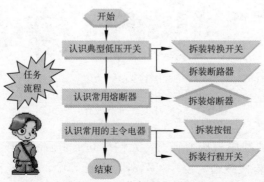

图 1.2　工作任务流程图

实践操作

一、认识典型低压开关并拆装转换开关

1. DZ47 型断路器和 HZ10 型转换开关

DZ47 型断路器和 HZ10 型转换开关如图 1.3 所示。

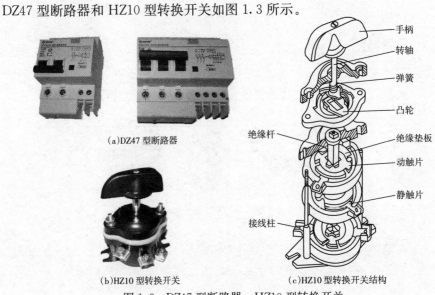

(a)DZ47 型断路器

(b)HZ10 型转换开关

(c)HZ10 型转换开关结构

图 1.3　DZ47 型断路器、HZ10 型转换开关

2. 转换开关的拆卸操作过程

具体步骤如图 1.4 所示。

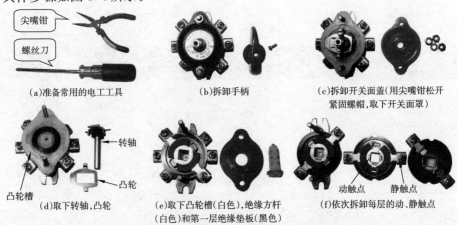

(a)准备常用的电工工具

(b)拆卸手柄

(c)拆卸开关面盖(用尖嘴钳松开紧固螺帽,取下开关面罩)

(d)取下转轴,凸轮

(e)取下凸轮槽(白色)、绝缘方杆(白色)和第一层绝缘垫板(黑色)

(f)依次拆卸每层的动、静触点

图 1.4　转换开关的拆卸操作过程组图

注意事项:拆卸的顺序为从上到下,元件拆卸下来后,请按照顺序摆放零件,否则容易出现混乱。安装顺序则为反序。另外,在拆卸中,组合开关的零件比较零散,

注意它的组合方式。不清楚时勿拆卸得过于零散。

3. DZ47 型断路器的拆卸操作过程

DZ47 型断路器的拆卸操作过程如图 1.5 所示。

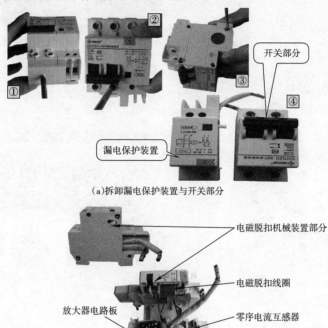

（a）拆卸漏电保护装置与开关部分

（b）拆卸漏电保护装置（拆卸时要注意正反两面均有螺钉）

图 1.5 DZ47 型断路器的拆卸操作过程组图

二、认识并拆装典型低压熔断器

1. 低压熔断器

低压熔断器如图 1.6 和图 1.7 所示。

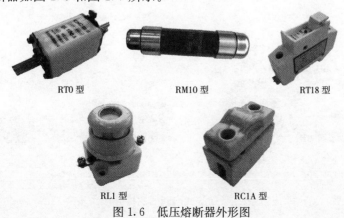

RT0 型　　　　　RM10 型　　　　　RT18 型

RL1 型　　　　　RC1A 型

图 1.6 低压熔断器外形图

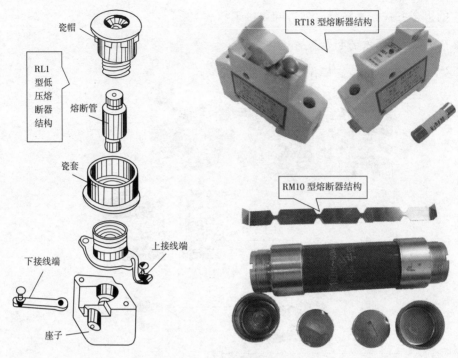

图 1.7　低压熔断器结构图

2. RL1 型螺旋式熔断器拆卸步骤

RL1 型螺旋式熔断器的拆卸步骤如图 1.8 所示。

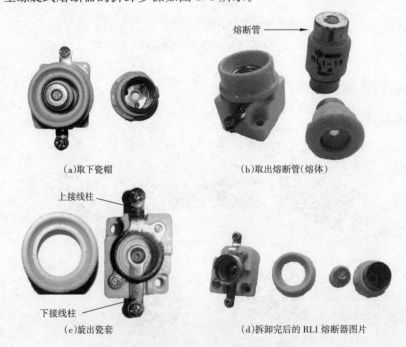

图 1.8　RL1 型螺旋式熔断器的拆卸操作步骤

三、认识典型按钮和行程开关

1. 常见按钮和行程开关外形图

常见按钮和行程开关外形如图1.9所示。

LA38 型   LA18 系列   LA2 型

LA4 型防腐蚀按钮   LA10 型

YBLX-1 型   XCK-P 型   JLXK1 型

图 1.9 常见按钮和行程开关

2. 行程开关结构

行程开关的结构如图1.10所示。

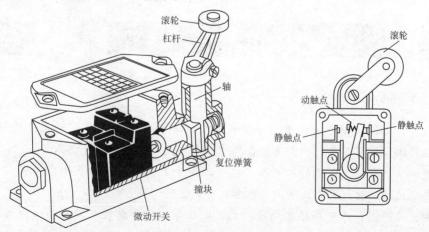

图 1.10 行程开关结构图

3. 行程开关拆卸

如图1.11所示，拆卸端盖面板后，就可以看见行程开关的接线端子。通常接线端子中有一对常开和一对常闭触头，若不清楚也可用万用表进行测量。

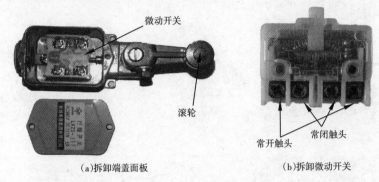

(a)拆卸端盖面板　　　　　　(b)拆卸微动开关

图1.11　行程开关拆卸图

4. LA10型按钮的拆卸

拆卸图如图1.12所示，按住按钮帽，往上稍微提一点，将按钮帽顺时针旋转一定角度，即可将按钮帽从按钮座中取出来。

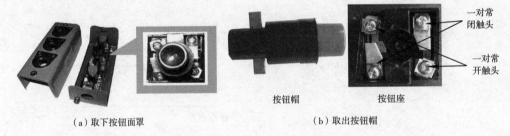

（a）取下按钮面罩　　　　　　（b）取出按钮帽

图1.12　LA10型按钮拆卸图

相关知识

一、转换开关

转换开关又称组合开关，属于手动控制电器，其机构特点是用动触片代替闸刀，以左右旋转操作代替刀开关的上下分合操作，有单极、双极和多极之分。

用途：常用来作为电源引入开关，也可以用来直接启动和停止小容量笼式电动机或者使电动机正反转，局部照明电路也常用它来控制。

选用：选用组合开关应根据电源种类、电压等级、所需触头数、接线方式和负载容量进行选用。开关额定电流一般为

$$I = (1.5 \sim 2.5)\, I_e \qquad （其中 I 为开关电流，I_e 为电动机额定电流）$$

电路符号：

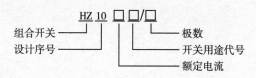

型号及含义：

二、低压熔断器

熔断器是低压配电网络和电力拖动系统中的保护电器。常用的熔断器有瓷插式、螺旋式、无填料封闭管式、有填料封闭管式等。

用途：常用来作为电路中短路或者严重过载时的保护。

选用：熔断器的选择分为两步。

1. 选择熔断器的类型

熔断器类型应根据负载的保护特性、短路电流的大小和使用环境来选择。瓷插式常用于容量较小的照明电路，螺旋式常用于机床控制线路，无填料封闭管式常用于开关柜或者配电屏，有填料封闭管式常用于短路电流特别大或者有易燃气体的地方。

2. 选择熔体电流 I_N

$$I_N \geqslant (1.5 \sim 2.5) I_e \qquad （I_e 表示电动机的额定电流）$$

电器符号：

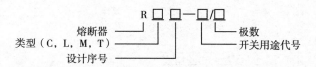

型号及含义：

其中，C——瓷插式；L——螺旋式；M——无填料封闭管式；T——有填料封闭管式。

三、按钮和行程开关

主令电器是用作接通或者断开控制电路，以发出指令或者程序控制的开关电器。常用的主令电器有按钮、位置开关、万能转换开关和主令控制器等。本项目只介绍机床上常用的按钮和行程开关。

1. 按钮

按钮是一种具有用人体某个部分（一般为手指或手掌）所施加力而操作的并具有储能复位的控制开关。它的触头允许通过的电流一般不超过5A。

用途： 用于接通和断开电路的一种控制电器。

选用： 主要根据使用场合，具体用途选择按钮种类，根据控制回路需要选择按钮的数量。

电路符号：

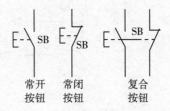

常开按钮　常闭按钮　复合按钮

型号及含义：

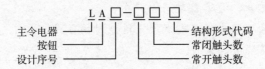

主令电器　按钮　设计序号　结构形式代码　常闭触头数　常开触头数

2. 行程开关

行程开关是用以反映工作机械的行程，发出命令以控制其运动方向和行程大小的开关。

用途： 常用于限制机械运动的位置或行程，使运动机械按一定的位置或行程实现自动运行、反向或变速等运动。

选用： 根据动作要求、安装位置及触头数量来选择。

电路符号：

常开触头　常闭触头　复合触头

型号及含义：

机床电器　主令电器　行程开关　快速　常闭触头数　常开触头数　传动装置形式代号（1，2，3，4）　设计序号

其中，1——单轮转动式；2——双轮转动式；3——直动不带轮；4——直动带轮。

任务 2

认识并拆装典型低压控制电器

——接触器、继电器

场景描述

　　在工厂里，通常会使用交流接触器和继电器来组成电气控制电路，这些电器元件的结构如何，又是如何工作的，很大程度上会决定整个电气控制电路的工作可靠性和耐用性。下面我们将学习典型的交流接触器和继电器（图 1.13）。

图 1.13　常见的接触器、继电器

　　本任务内容为在实习场地由学生通过对典型的低压电器进行拆卸和装配，了解低压电器的内部结构和理解其工作原理，并且能正确地调整常用继电器的相关参数。

任务目标

　　技能点：① 使用常用电工工具。
　　　　　　② 识别和拆装典型低压电器。
　　　　　　③ 检修和调试典型低压电器。
　　知识点：常用低压电器的工作原理。

工作任务流程

本任务流程如图 1.14 所示。

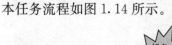

图 1.14　工作任务流程图

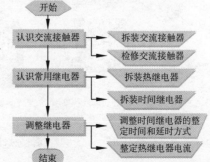

实践操作

一、认识典型的交流接触器

典型的交流接触器如图 1.15 所示。

CJ10 型   CJT1 型   CJX2 型

图 1.15   典型的交流接触器

二、拆卸典型的交流接触器

1.CJ10 型交流接触器的拆卸步骤

CJ10 型交流接触器的拆卸步骤如图 1.16 所示。

(a)卸下灭弧罩的紧固螺钉后取灭弧罩

倾斜 45° 角

(b)拆卸主触头:拉紧主触头定位弹簧夹,取下主触头及主触头压力弹簧片,拆卸主触头时必须将主触头侧转45° 后取下

(c)取下盖板:松开接触器底部的盖板螺钉,取下盖板;在松开盖板螺钉时,要用手按住螺钉并慢慢放松

短路环

(d)取下静铁芯缓冲绝缘纸片及静铁芯,取下静铁芯支架及缓冲弹簧

线圈

(e)拔下线圈线端的弹簧夹片,取下线圈

(f)取下反作用力弹簧和支架

定位销

(g)取下动铁芯定位销,取下动铁芯

图 1.16   CJ10 型交流接触器的拆卸步骤

2. 拆装并检修交流接触器

① 检查灭弧罩有无破裂或烧损，将灭弧罩内的金属飞溅物消除。

② 检查触头（图1.18）的磨损程度，磨损严重时应更换触头。若不需要更换，则清除触头表面上的金属颗粒异物。

③ 清除铁芯（图1.19）端面的油垢，检查铁芯有无变形及端面接触是否平整。铁芯端面的油污或者铁芯端面的接触不良，常使动、静铁芯吸合不好，交流接触器发出"嗡嗡"的响声。严重时可能烧毁线圈。

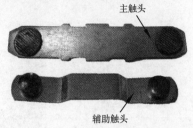

图1.17　CJ10型交流接触器的触头　　　图1.18　CJ10型交流接触器的铁芯

④ 检查触头压力弹簧及反作用弹簧是否变形或弹力不足，如有需要则更换弹簧。

检查触头压力的方法：将一张小纸片放在交流接触器的动、静触头间，然后线圈通电吸合，用手拉住小纸条，若稍用力能将纸条拉出来，则触头压力合适，否则需要进行调整，如图1.20所示。

检查弹簧弹力方法：可以将反作用弹簧拆出来，从外表观察是否有变形，另外也可以用手压弹簧，感觉反作用力是否还比较强，若有变形或者太软，则考虑更换弹簧，图1.20为CJ10型交流接触器的弹簧。

图1.19　测试CJ10型交流接触器的触头压力

⑤ 检查电磁线圈是否有短路、断路及发热变色现象。

a. 将万用表转换开关调整到欧姆挡"$R \times 100$"。然后将表笔短接，进行调零，如图1.21所示。

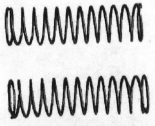

图1.20　CJ10型交流接触器的弹簧　　　图1.21　万用表欧姆调零

b. 用万用表检测电磁线圈。若测量的线圈直流电阻值在600Ω到几千欧姆之间，则可判断为正常。若读数过小为几十欧姆或者为零，则线圈可能有匝间短路。若指针读数为无穷大，则可断定线圈断路，如图1.22所示。

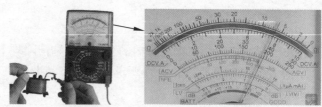

图 1.22　用万用表欧姆挡检测线圈

3. CJX2 型交流接触器的拆卸步骤

CJX2 型交流接触器拆卸步骤如图 1.24 所示。

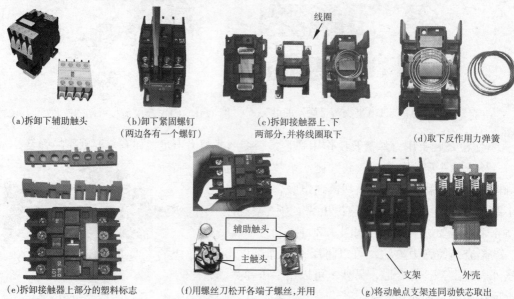

(a)拆卸下辅助触头　　(b)卸下紧固螺钉　　　(c)拆卸接触器上、下
　　　　　　　　　　　（两边各有一个螺钉）　　两部分,并将线圈取下
　　　　　　　　　　　　　　　　　　　　　　　　　　　(d)取下反作用力弹簧

(e)拆卸接触器上部分的塑料标志　(f)用螺丝刀松开各端子螺丝,并用　(g)将动触点支架连同动铁芯取出
　　　　　　　　　　　　　　　　尖嘴钳将触头连同螺丝拔出来

图 1.23　CJX20 型交流接触器的拆卸步骤

三、认识典型的热继电器

1. 常见的热继电器

常见的热继电器如图 1.24 所示。

JR16 型　　　　　　　　　　　　JRS4-D 型
图 1.24　常见的热继电器

2. JR16 型热继电器内部结构

JR16 型热继电器内部结构如图 1.25 所示。

图 1.25　JR16 型热继电器内部结构

将热继电器的后绝缘盖板卸下,仔细观察它的结构,指出其热元件,传动机构,电流整定装置,复位按钮及辅助常开、常闭触头的位置。

3. 调整热继电器的复位方式和整定值

热继电器出厂时,一般都需手动复位,若需要自动复位,可将复位调节螺钉顺时针旋进。自动复位时应在时间继电器动作后 5min 内自动复位,手动复位时,在动作 2min 后,按下手动复位按钮,热继电器应复位。

如图 1.27 所示,用小号"一字螺丝刀"按照箭头所示旋进复位调节螺钉,可以改变热继电器复位方式。若需要手动复位,可按下手动复位按钮。

热继电器动作时间的整定:如图 1.27 所示,按照 $(0.95 \sim 1.05) I_e$ (I_e 为电动机的额定电流)计算出整定电流,然后拨动电流整定旋钮到刻度处即可。

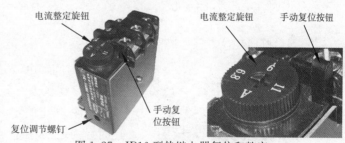

图 1.27　JR16 型热继电器复位和整定

四、认识典型的时间继电器

典型的时间继电器如图 1.28 所示。

JS7-A 型

AH3-3 型

图 1.28　典型的时间继电器

1. 拆装 JS7-A 型时间继电器

JS7-A 型时间继电器拆卸步骤如图 1.28 所示。

（a）用螺丝刀松开气囊面盖的螺丝　　　　（b）均匀用力缓慢撬动并取下气囊盖

气流调节阀

（c）小心旋下气囊橡胶垫　　　（d）用螺丝刀松卸气囊面盖的螺丝，将气流调节阀取出

图 1.28　JS7-A 型时间继电器的拆卸步骤

注意： 安装时应按照拆卸的逆序。

2. 调整时间继电器的延时时间和延时方式

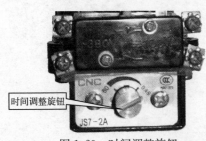

时间调整旋钮

JS7-2A

图 1.29　时间调整旋钮

① 时间继电器时间的调整：如图 1.29 所示，用"一字螺丝刀"旋转"时间调整旋钮"即可调节时间继电器的定时时间。顺时针为缩短时间，逆时针为延长时间。

② 延时方式的调整方法：将时间继电器线圈的固定螺钉卸下来。拆卸下来后的线圈若调转 180°再安装上，则可以很方便地改变时间继电器的延时方式（图 1.30）。

线圈动铁芯向外

线圈动铁芯向内

线圈固定螺钉

（a）断电延时方式　　　　　　　　　（b）通电延时方式

图 1.30　延时方式的调整

两种延时方式的区别在于：线圈的位置（朝向）不同。通电延时方式的线圈动铁芯向内，断电延时方式的线圈动铁芯则向外。而且当延时方式由通电延时变为断电延时时，其对应的延时触头会发生改变，原"通电延时闭合"触头会改为"通电瞬时断开，断电延时闭合"触头。原"通电延时断开"触头会改为"通电瞬时闭合，断电延时断开"触头。

3. 了解 AH3-3 型时间继电器

AH3-3 型时间继电器的外形结构如图 1.31 所示；AH3-3 型时间继电器的内部结构如图 1.32 所示。

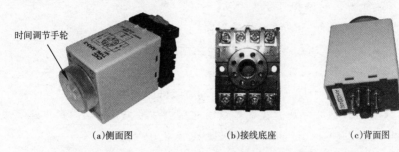

(a)侧面图　　　　　(b)接线底座　　　　　(c)背面图

图 1.31　AH3-3 型时间继电器的外形图

注意：由于该型号时间继电器采用电子元器件组合而成，故在拆卸过程中不要拆卸过散，以能见到内部结构为准。

AH3-3 型时间继电器的时间调整方式：只需要将面板前面的时间调节手轮，旋转到指定的时间刻度处即可完成时间的定时调整。

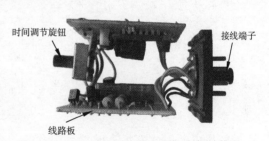

图 1.32　AH3-3 型时间继电器的内部结构图

4. 了解 JY1 型速度继电器

JY1 型速度继电器的外形结构如图 1.33 所示；JY1 型速度继电器的内部接线端子如图 1.34 所示。

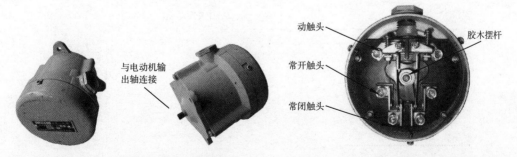

图 1.33　JY1 型速度继电器外形图　　　　　图 1.34　JY1 型速度继电器接线端子图

相关知识

一、交流接触器

交流接触器是一种自动的电磁式开关。

用途：适用于远距离频繁地接通和断开交流主电路及大容量控制电路。控制对象通常为电动机，也可以用于控制其他负载等。

选用：交流接触器的选择可分为 4 步。

① 选择接触器的主触头的额定电压 U_N。

$$U_N \geqslant U_e \qquad (U_e 为控制线路的额定电压)$$

② 选择接触器主触头的额定电流 I_N。

$$I_N \geqslant I_e \qquad (I_e 为电动机的额定电流)$$

③ 选择接触器线圈的电压。接触器线圈电压应该根据控制线路的电压等级来选择。例如，控制电压为 220V，则线圈电压也应该选择 220V。

④ 选择接触器的触头数量。

电路符号：（查阅图形符号）

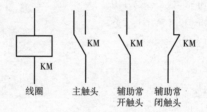

解释说明：电器符号图中文字符号都用"KM"，说明是同一个电器的不同元件，在电气原理图中会根据功能不同放置在电气原理图中的不同位置。例如，主触头会放置在主电路中，线圈、辅助常开触头会放置在控制电路中。

型号及含义：

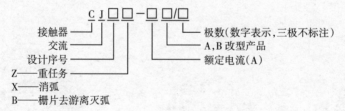

二、继电器

1. 热继电器

热继电器是利用电流所产生的热效应而反时限动作的继电器。

用途：常用于电动机的过载保护。

选用：选择决定于下列3个方面。

① 根据电动机额定电流选择。

$$I \geqslant I_e \qquad （I_e为电动机的额定电流）$$

② 根据整定电流选择。整定电流为（0.95～1.05）I_e。

③ 根据电动机定子绕组的连接方式选择。若电动机定子绕组为"Y"连接，可用普通的热继电器，若电动机定子绕组为"△"连接，则选用带断相保护装置的热继电器。

电路符号：

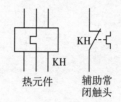

热元件　　辅助常
　　　　　闭触头

型号及含义：

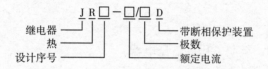

2. 时间继电器（空气阻尼式）

时间继电器是利用电子、电磁原理或者机械动作原理实现触头延时动作的自动控制电器。

用途：常用于需要按照时间顺序进行控制的电气控制电路中。

选用：根据控制线路的要求选择时间继电器的延时方式（通电延时或断电延时），根据控制线路电压选择时间继电器的线圈电压。

电路符号：

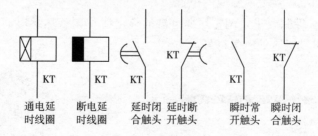

通电延　断电延　延时闭　延时断　瞬时常　瞬时闭
时线圈　时线圈　合触头　开触头　开触头　合触头

型号及含义：

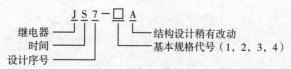

基本规格代号：1——通电延时，无瞬时触头；2——通电延时，有瞬时触头；

3——断电延时，无瞬时触头；4——断电延时，有瞬时触头。

3. 速度继电器

JY1 型速度继电器是利用电磁感应原理工作的感应式速度继电器，它能反映出速度和转向信息。

用途： 主要用于实现对生产机械运动部件的速度控制和对电动机的反接制动控制。

选用： 速度继电器主要根据其所需控制的转速大小，触头电压、电流来选用。

电器符号：

▮巩固训练▬▬▬▬▬

1. 技能训练要求

① 能正确的拆卸，组装常用的低压电器。

② 能根据控制要求，正确选择低压电器。

③ 能正确识别常用低压电器，熟练掌握常用低压电器的功能和作用。

④ 时间：每个训练内容时长为 30 分钟。

2. 技能训练内容

① 在规定时间内，拆装 CJX2 型交流接触器，并画出其电气符号；指出电气符号所对应的交流接触器的具体位置。

② 在规定时间内，拆装 JS7-A 型空气阻尼式时间继电器，并画出其电气符号；指出电气符号在时间继电器上所对应的位置。

③ 能根据电气控制要求，调整热继电器的整定值和调整热继电器的自动、手动复位方式；并能画出其对应的电气符号。

▮思考与练习▬▬▬▬

1. 请同学们自己观察一下，在你所接触的机床电器中，还有哪些低压电器元件？赶快行动起来吧，多些发掘，也许能发现许多书本上没有的学问。

2. 请同学们讨论一下交流接触器的工作原理，它的基本理论支撑是什么？（提示：请回顾一下电工基础或者电工学中的相关知识。）

3. 如图 1.21 所示在用万用表欧姆挡测量交流接触器线圈时，为什么双手不能同时接触线圈？若双手同时接触，则万用表所测量的电阻值是交流接触器的线圈电阻吗？

4. 有一个维修电工在检修一台车床时发现主轴不能启动，进一步检查发现是交流接触器线圈过热被烧毁了。若你是该电工，能否只简单地更换一个交流接触器就了事？该如何处理？为什么？

5. 维修电工在检修一台设备时，发现交流接触器发出较大的"嗡嗡"声响，但被控制的电动机并不旋转，此时他应该采取什么措施来处理该故障，并试分析该现象产生的可能原因。

6. 为什么说定子绕组采用三角形（△）连接的电动机，在选用热继电器时必须采用三相带断相保护装置的热继电器？

7. 热继电器能否在机床控制线路中用作短路保护，为什么？

8. 热继电器的结构中，双金属片起什么作用？

9. 根据组合开关的结构，试分析组合开关可能出现的常见故障有哪些？

10. 在安装和使用行程开关的过程中需要注意哪些问题？

11. 有一个电气控制柜是用于控制某反应釜的。其中采用了一台 JS7-A 时间继电器来控制其搅拌时间，但最近在使用过程中发现时间缩短了许多，试分析产生该现象可能的原因有哪些？

■ 学习检测

实训考核标准见表 1.1。

表 1.1　低压电器拆装与调试技能自我评分表

项　目	技术要求	配　分	评分细则	评分记录
低压电器的识别	① 不能按要求选择合适的低压电器	20 分	每次扣 10 分	
	② 写错或者漏写名称、型号		每次扣 5 分	
	③ 写错或漏写符号		每次扣 5 分	
拆卸，装配典型低压电器	① 拆卸步骤，方法不正确	30 分	扣 10 分	
	② 损坏其他零部件或者塑料外壳		每次扣 5 分	
	③ 装配步骤，方法错误		扣 10 分	
	④ 不能正确使用测量仪器		扣 10 分	
	⑤ 装配过程中发现丢失螺钉等细小配件		每次扣 5 分	
校验典型低压电器	① 不懂校验方法	20 分	扣 10 分	
	② 校验后仍然不合格		扣 10 分	
继电器的整定	① 不会调整热继电器的整定值	20 分	扣 5 分	
	② 不会调节热继电器的复位方式		扣 5 分	
	③ 不会整定时间继电器的动作时间		扣 5 分	
	④ 不会调整时间继电器的延时方式		扣 5 分	
安全文明生产	凡在操作过程中发现考生有重大安全事故隐患时，立即制止，并中止考核	10 分	扣 10 分	

知识拓展与链接

一、JRS4-D 型热继电器简介

JRS4-D 型热继电器结构见图 1.35。拆卸 JRS4-D 型热继电器比较困难，而且该型号的热继电器的机械结构更加紧凑、复杂，建议由教师演示，而且也不要拆卸过于零散，以了解工作原理和结构、能正确应用为主，否则难以安装复原。

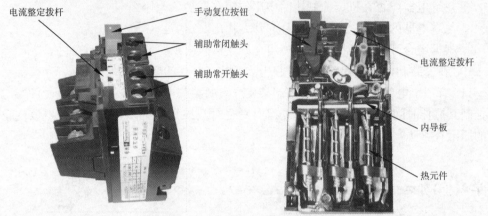

电流整定拨杆　　　　　　手动复位按钮

辅助常闭触头

辅助常开触头

电流整定拨杆

内导板

热元件

图 1.35　JRS4-D 型热继电器结构

二、CJX2 型交流接触器与 JRS4-D 型热继电器的连接使用

将 CJX2 型交流接触器与 JRS4-D 型热继电器连接使用是我们常见的使用方式，这样可以有效地减少导线的连接，而且能有效节约安装空间。在使用中需要将热继电器一端的接线端子面板拆卸下来，如图 1.36 所示。保留主回路接线柱，方便插入 CJX2 型交流接触器接线端中。

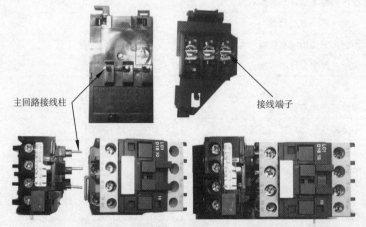

主回路接线柱

接线端子

图 1.36　CJX2 型交流接触器与 JRS4-D 型热继电器的连接

三、电磁式零序电流漏电保护器工作原理

在正常情况下，电路中没有漏电或者没有按下试验按钮时，流过零序电流互感器一次侧线圈的电流相量和为零（流入电流恒等于流出电流），这时在零序电流互感器二次侧线圈中没有感生电流。此时电磁线圈没有电，断路器开关正常闭合。当电路中有漏电或按下试验按钮时，流过零序电流互感器的电流相量和不为零，此时在其二次侧线圈中感生出电流，该电流经过放大电路后直接驱动电磁线圈动作，经过电磁脱扣机械装置使断路器开关动作跳闸，达到保护的目的（图1.37）。

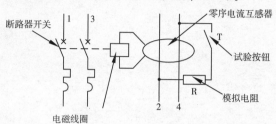

图 1.37　电磁式零序电流漏电保护器工作原理图

项目2

三相异步电动机基本控制线路 安装、调试、故障处理

教学目标

通过本项目的培训，学会运用电工工具对异步电动机的点动、正转、正反转、顺序、降压、制动等控制电路的安装及调试、维修，学会识读、绘制相关的电气控制图，并进一步了解其工作原理。

安全规范

① 电气线路在未经验电笔确定无电前，一律视为"有电"，不可用手触摸，不可绝对相信绝缘体，应认为有电操作。

② 工作前应详细检查自己所用的工具是否安全可靠，穿戴好必需的防护用品，以防工作时发生意外。

③ 送电前必须认真检查，看是否合乎要求并和有关人员联系好，方能送电。

④ 低压设备上必须进行带电工作时，要经过实操老师批准，并要有专人监护。

⑤ 要处理好工作中所有已拆除的电线，包好带电线头，以防止触电。

⑥ 工作完毕后，必须拆除临时地线，所有材料、工具、仪表等归类放置，原有防护装置应随时安装好。

技能要求

① 识读三相异步电动机控制系统的原理图。

② 使用常用电工工具，电工仪表。

③ 识别、标识、使用三相异步电动机控制系统元器件、导线。

④ 安装三相异步电动机基本电气控制线路。

⑤ 分析、排除三相异步电动机控制系统线路常见故障。

点动、连续运转控制线路安装调试

场景描述

　　点动控制线路简单易懂，图 2.1 所示的 MY7132A 型平面磨床中操作磨头快速上升时，只需按下按钮，磨头能快速上升；松开按钮，磨头能立即停止上升。磨头快速上升采用的是一种点动控制线路，它是通过按钮和接触器来实现线路自动控制的。

　　本项目通过教师在实训板上安装、调试的示教，学生根据教师要求边听边练，然后由学生独立操作，进行巩固训练。

磨头快速上升按钮

磨头快速升降电机

（a）MY7132A 型平面磨床正面图　　　　（b）MY7132A 型平面磨床侧面图

图 2.1　MY7132A 型平面磨床

任务目标

　　技能点：① 会选择、安装及标识点动、连续控制线路的元器件。

　　　　　　② 能安装点动、连续运转控制线路。

　　　　　　③ 能调试点动、连续运转控制线路。

　　知识点：① 点动、连续运转控制线路的构成，工作原理。

　　　　　　② 电气识图常识。

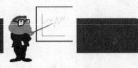

工作任务流程

本任务流程如图 2.2 所示。

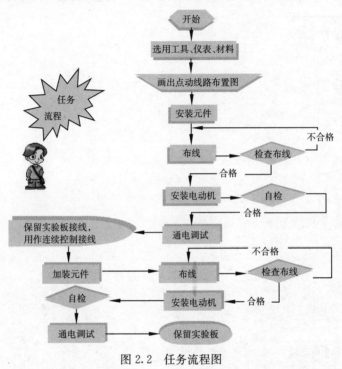

图 2.2　任务流程图

实践操作

一、工具、仪表、材料选用

1. 工具与仪表选用

工具与仪表选用见图 2.3。

图 2.3　工具仪表例图

2. 材料选用

根据点动控制线路电气原理图（图 2.4）和点动控制线路完整安装图（图 2.5）选用材料（表 2.1）。

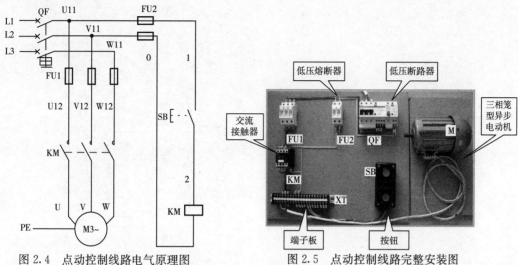

图 2.4　点动控制线路电气原理图　　　　图 2.5　点动控制线路完整安装图

表 2.1　点动控制元件、材料明细表

代　号	名　称	型　号	规　格	数　量
			元件、材料明细表	
M	三相笼型异步电动机	A07114	550W、380V、三角形接法、1.5A、1400r/min	1
QF	漏电保护断路器（主电路）	DZ47LEⅡ-50/3N	三极、400V、16A	1
QF	漏电保护断路器（控制电路）	DZ47LE-63	二极、230V、10A	1
FU1	熔断器	RT18-32/15	500V、32A、配熔体额定电流15A	3
FU2	熔断器	RT18-32/2	500V、32A、配熔体额定电流2A	2
KM	交流接触器	CJX2-0910	20A、线圈电压380V	1
SB	按钮	LA4-3H	按钮数 3	1
XT	端子板	TD-2020	20A、20 节、380V	1
—	控制板一块	—	500mm×400mm×20mm	1
—	导线	BV	1.5m² (控制回路)、2.5m² (主回路)、1.5m² (黄绿双色)	若干
		BVR	1mm²	若干
—	紧固体和编码套管	—	—	若干

二、画出布置图

根据图 2.6 点动控制线路布置图在实验板上画出控制线路元件摆放图，注意位置

整齐匀称，间距合理，便于元件的更换。

三、安装元件

按图2.6所示布置图在控制板上安装电器元件，并贴上醒目的文字符号（文字符号应与电路原理图一致），各元件布局合理，便于拆卸，如图2.7所示。

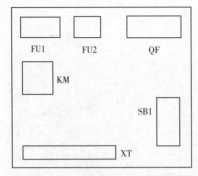

图2.6　点动控制线路布置图

图2.7　安装电器元件贴上文字符号

工艺要求：紧固各元件时，用力要均匀，紧固程度适当。由于各器件的底座多为易碎元件应该用手按住元件一边轻轻摇动，一边用旋具轮换旋紧对角线上的螺钉，直到手摇不动后，再适当加固旋紧些即可。

注意：断路器、熔断器的进线端子应安装在控制板的外侧，对熔断器遵循"低进高出"的原则。

四、布线

按图2.8和图2.9所示走线方法，进行布线和套编码套管。

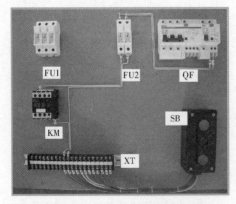

图2.8　点动控制线路控制部分

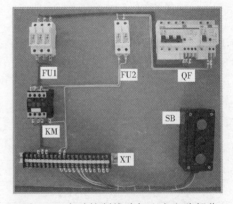

图2.9　点动控制线路加入主电路部分

工艺要求：

①布线应横平竖直，分布均匀，变换走向时应垂直转向。布线通道要尽可能少，同路并行导线按主、控电路分类集中，且导线单层平置、并行密排，紧贴安装面板。

② 控制线路的导线应高低一致，但在器件的接线端处为满足走线合理时，引出线可水平架空跨越板面导线。布线严禁损伤线芯和导线绝缘。

③ 布线顺序一般按先控制电路，后主电路的顺序进行，以不妨碍后续布线为原则。

④ 在每根剥去绝缘层导线的两端套上编码套管，编号方法采用从上到下，自左到右，逐列依次编号，每经一个电器接线端子编号递增并遵循等电位同编号原则。

⑤ 导线与接线端子或接线桩连接时，不得压绝缘层、不反圈及不露铜过长（一般露铜2mm左右）。如图2.10所示，所有从一个接线端子（或接线桩）到另一个接线端子（或接线桩）的导线必须连续，中间无接头。

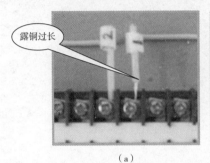
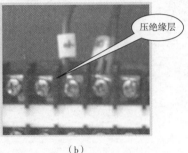

（a）　　　　　　　　　　　（b）

图2.10　错误接线方式

⑥ 同一元件、同一回路的不同接点的导线间距离应保持一致。

⑦ 一个电器元件接线端子上的连接导线不得多于两根，接线端子板上的连接导线一般只允许连接一根。

五、检查布线

根据图2.9检查控制线路板布线的正确性。

六、安装电动机

先连接电动机和按钮金属外壳的保护接地线，且保护电路中严禁使用开关和熔断器，然后连接电源、电动机等控制板外部的导线，如图2.11所示。

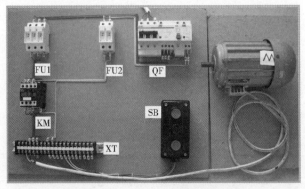

图2.11　点动控制线路连线图

七、自检

① 外观检查有无漏接、错接，导线的接点接触是否良好。用万用表欧姆挡检查，将表笔分别搭在 0、1 线端上，读数应为"∞"。按下按钮 SB 时读数应为交流接触器 KM 线圈的直流电阻值，如图 2.12 所示。

（a）没有按下启动按钮　　　　　　　　　　（b）按下启动按钮

图 2.12　万用表自检

② 断开控制电路，再检查主电路有无开路或短路现象，此时可手动按下交流接触器 KM 的观察孔来模拟接触器通电进行检查（图 2.13）。

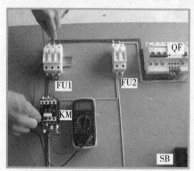

（a）没有按下KM的观察孔　　　　（b）手动压下KM的观察孔后测V11和V12两点间电阻

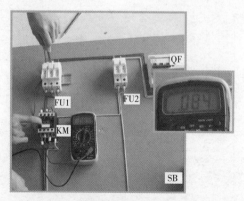

（c）手动压下KM的观察孔后测V11和V两点间电阻

图 2.13　万用表欧姆挡检查主电路

③ 用兆欧表检查线路的绝缘电阻的阻值应不小于 0.5MΩ，如图 2.14 所示。

（a）兆欧表开路试验

（b）兆欧表短路试验

（c）测量三相笼型异步电动机
相线对地绝缘电阻

（d）测量三相笼型异步电动机
相线间绝缘电阻

图 2.14 用兆欧表测量三相笼型异步电动机绝缘电阻

八、通电调试

① 用手拨一下电动机转子，观察转子是否有堵转现象等。

② 在任课老师的监护下，合上电源开关 QS，按下按钮 SB1 持续一到两秒，随即松开，观察电动机运行是否正常（观察电机运行是否平稳，听电动机的运转声音是否正常等）。

③ 若电动机能正常地启动运行，则可以按下按钮 SB 让电动机旋转起来，松开按钮 SB 让电动机自由停止。

注意： 保留实验板接线，用作连续控制实训。

九、加装元件

在上次安装好的点动正转控制路板上，拆下电线并按本次实训电路配齐所需规格的器材（热继电器 KH 型为 JRS1-09314），在控制板上合理布置并安装热继电器，要求安装牢固并符合要求，并按要求进行检验。注意选择正确的启动按钮、停止按钮的颜色，如图 2.15 所示。

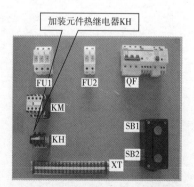
图 2.15 安装电器元件贴上文字符号

十、连续控制线路布线

确定连接负载的接线端子位置，并合理布置和敷设线路，敷设时注意导线的颜色及规格，按先控制电路、后主电路顺序进行敷设。接触器的主触头，辅助常开、常闭触头要分清，注意接触器 KM 的自锁触头应并接在启动按钮 SB1 两端，停止按钮 SB2 就串联在控制电路中，KH 的热元件串联在主电路中，它的常闭触头应接在控制电路中，如图 2.16 和图 2.17 所示。

 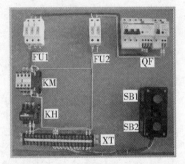

图 2.16　连续控制线路控制部分　　　图 2.17　连续控制线路加入主电路

十一、自检

步骤参见点动控制实训自检步骤。

十二、设备连接

安装电动机及连接保护接地线；用电缆线将电动机与控制板连接，注意电动机的正确接法（图 2.18）。

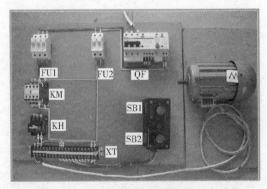

图 2.18　连续控制线路连接电源及电动机

十三、检查布线

检查线路的正确性及安装质量，在断电情况下首先用万用表欧姆挡"$R \times 100$"，检查线路是否有短路和开路。

十四、通电调试

经指导教师检查无安全隐患后连接好三相电源后，再用手拨一下电动机转子，观察转子是否有堵转现象等，在任课教师的监督下，合上电源开关 QS，试车时，采取先按启动按钮 SB1，让电动机旋转起来，后按下停止按钮 SB2，让电动机自由停止。

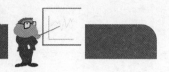

相关知识

一、点动控制线路的基本知识

按下按钮电动机启动，松开按钮时电动机就停止的控制方法，称为点动控制。点动控制线路电气原理图如图 2.19 所示。

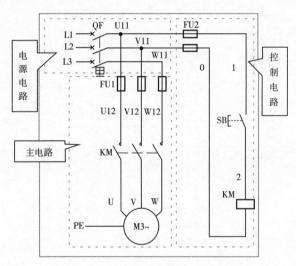

图 2.19　点动控制线路电气原理图

二、点动控制线路的工作原理

① 合上开关 QF，为电路启动做好准备。

② 按下按钮 SB，交流接触器 KM 线圈得电，交流接触器 KM 主触头闭合，电动机启动；松开按钮 SB，交流接触器 KM 线圈失电，交流接触器 KM 主触头断开，电动机停转。

三、连续运转控制线路的基本知识

很多的生产机械像机床、通风机等是需要连续工作的，这就需要采用电动机的连续控制电路。连续运转控制线路电气原理图如图 2.20 所示。

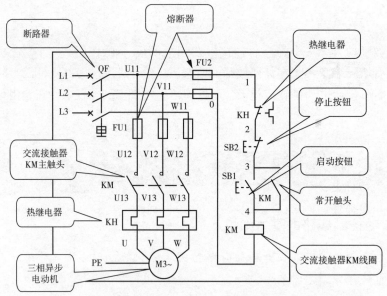

图 2.20　具有过载保护的连续运转控制线路电气原理图

四、连续运转控制线路的工作原理

连续运转控制线路工作流程见图 2.21。

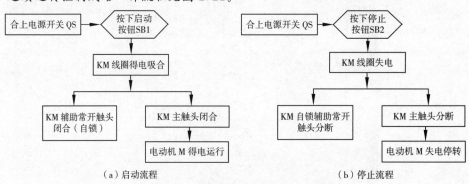

（a）启动流程　　　　　　　　　（b）停止流程

图 2.21　连续运转控制线路工作流程图

　　电路的保护措施：熔断器 FU1、FU2 分别对主电路、控制电路实施短路保护；热继电器 KH 对电动机实施过载保护；断路器 QF 对电路有漏电保护作用；在电路中交流接触器 KM 具有失压、欠压保护作用。

　　电路特点：当松开启动按钮 SB1，其常开触头恢复分断后，因为交流接触器 KM 的常开辅助触头闭合时已将启动按钮 SB1 短接，控制电路仍保持接通，所以交流接触器 KM 线圈继续得电，电动机 M 实现连续运转。像这种当松开启动按钮 SB1 后，交流接触器 KM 通过自身常开辅助触头而使线圈保持通电状态的作用称为自锁。与启动按钮 SB1 并联起自锁作用的常开辅助触头称为自锁触头。

任务 2

正反转控制线路安装、调试

场景描述

在实际生产中，机床工作台需要前进与后退；建筑工地上的卷扬机上、下起吊重物时，吊钩需要上升与下降。要满足生产机械运动部件能向正、反两个方向运动，就要求电动机能实现正、反转控制。如图 2.22 所示，小型起重机吊钩的升降便是由电动机的正反转来控制的。

本项目先由教师在实训板上安装、调试示教，然后学生根据教师要求边听边练，最后由学生独立进行巩固训练操作，来完成三相异步电动机正反转控制线路的安装调试学习。

图 2.22　小型起重机

任务目标

　　技能点：① 会选择、安装及标识正反转控制线路的元器件。

　　　　　　② 能安装正反转控制线路。

　　　　　　③ 能调试正反转控制线路。

　　知识点：正反转控制线路的构成和工作原理。

工作任务流程

本任务流程如图 2.23 所示。

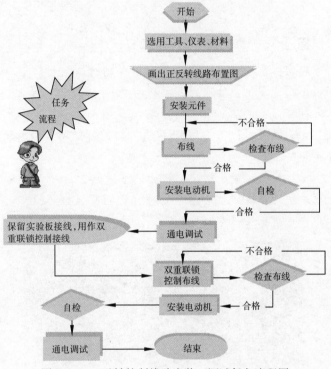

图 2.23　正反转控制线路安装、调试任务流程图

实践操作

一、接触器联锁控制线路安装调试

1. 工具、仪表、材料选用

（1）工具与仪表选用

工具与仪表的选用如表 2.2 所示。

表 2.2　工具、仪表

工　具	测电笔、螺钉旋具、尖嘴钳、斜口钳、剥线钳、电工刀等电工常用工具
仪　表	兆欧表、钳形电流表、万用表

（2）材料选用

根据三相异步电动机接触器联锁正反转控制线路电气原理图（图 2.24）和连线图（图 2.25）选用材料（表 2.3）。

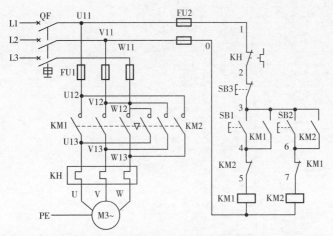

图 2.24　三相异步电动机接触器联锁正反转控制线路电气原理图

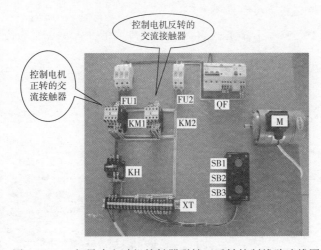

图 2.25　三相异步电动机接触器联锁正反转控制线路连线图

表 2.3　正反转控制元件材料明细表

元件、材料明细表				
代　号	名　称	型　号	规　格	数　量
M	三相笼型异步电动机	S5-L4	180W、380V、三角形接法、0.64A、1400r/min	1
QF	漏电保护断路器（主电路）	DZ47LEⅡ-50/3N	三极、400V、16A	1
QF	漏电保护断路器（控制电路）	DZ47LE-63	二极、230V、10A	1
FU1	熔断器	RT18-32/15	500V、32A、配熔体额定电流 15A	3
FU2	熔断器	RT18-32/2	500V、32A、配熔体额定电流 2A	2
KM	交流接触器	CJX2-0910	10A、线圈电压 380V	1

元件、材料明细表

代 号	名 称	型 号	规 格	数 量
KH	热继电器	JRS1-09314	三极、10A、整定电流8.8A	1
SB	按钮	LA4-3H	按钮数3	1
XT	端子板	TD-2020	20A、20节、380V	1
	控制板一块		500mm×400mm×20mm	1
—	导线	BV	1.5mm²（控制回路）、2.5mm²（主回路）、1.5mm²（黄绿双色）	若干
		BVR	1 mm²	若干
	紧固体和编码套管	—	—	若干

2. 画出正反转控制线路布置图

根据图2.25在实验板上画出控制线路布置图，注意位置整齐匀称，间距合理，便于元件的更换。

3. 安装元件

按图2.26所示布置图在控制板上安装电器元件，并贴上醒目的文字符号，如图2.27所示。

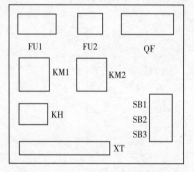

图2.26　正反转控制线路布置图

图2.27　正反转控制线路实物安装图

4. 布线

安装接触器联锁正反转控制线路：参照本单元任务一中的实训编写安装步骤，并熟悉安装工艺要求，经教师审查同意后，根据图2.24完成接触器联锁正反转控制线路的安装。安装完成后的线路板如图2.28所示。

安装注意事项：接触器联锁触头接线必须正确，否则将会造成主电路中两相电源短路事故。

5. 检查布线

根据图2.28检查控制板布线的正确性。

 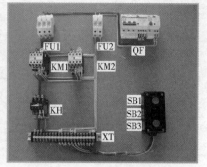

（a）控制电路部分　　　　　　　　　（b）加入主电路部分

图 2.28　正反转控制线路布线

6. 安装电动机

先连接电动机和按钮金属外壳的保护接地线，然后连接电源、电动机等控制板外部的导线，如图 2.29 所示。

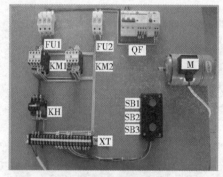

29　接触器联锁正反转控制线路完整连线图

7. 自检

① 在断电情况下，连接好三相电源后，并用万用表欧姆挡"$R \times 100$"，检查线路是否有短路。按下按钮 SB1 或 SB2 时读数应为接触器线圈的直流电阻值。

② 然后断开控制电路，再检查主电路有无开路或短路现象。

③ 用兆欧表检查电动机的绝缘电阻的阻值应不得小于 $0.5\text{M}\Omega$。

8. 通电调试

① 用手拨一下电动机转子，观察转子是否有堵转现象等。

② 在任课教师的监护下，合上电源开关 QS，再按下按钮 SB1（或 SB2）及 SB3，看控制是否正常，并在按下按钮 SB1 后再按下按钮 SB2，观察有无联锁作用。

③ 训练应在规定的定额时间内完成，同时要做到安全操作和文明生产。训练结束后，安装的控制板留用。

二、按钮和接触器双重联锁控制线路安装调试

1. 根据双重联锁控制线路电气原理图（图 2.30）及进行布线。

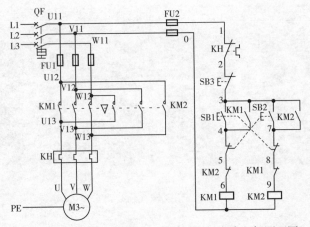

图 2.30　三相异步电动机双重联锁控制线路电气原理图

2. 检查布线

按图 2.31 检查布线。

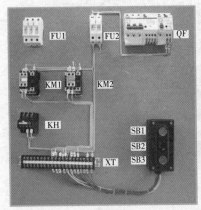

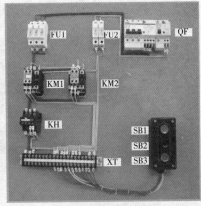

（a）控制电路部分　　　　　　　　　（b）加入主电路部分

图 2.31　双重联锁正反转控制线路布线

3. 安装电动机

电动机安装接线如图 2.32 所示。

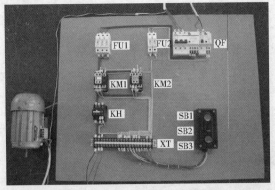

图 2.32　三相异步电动机双重联锁正反转控制线路完整安装图

4. 自检

① 外观检查有无漏接、错接，导线的接点接触是否良好。

② 校表，如图 2.33 所示。

（a）万表表机械调零　　　　　　　　　（b）万表表欧姆调零

图 2.33　万用表校正

③ 用万用表欧姆挡检查，将表笔分别搭在 0、1 线端上，读数应为"∞"。按下按钮 SB1 或 SB2 时读数应为接触器线圈的直流电阻值，如图 2.34 所示。

④ 检查主电路有无开路或短路现象，此时可按下交流接触器的观察孔来模拟接触器通电进行检查。

如图 2.35 正转主电路每相如此测试，共测三次。自检反转主电路如图 2.36 所示，自检电机相间电阻，如图 2.37 所示。

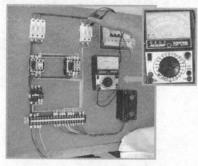
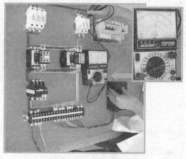

（a）没按按钮　　　　　　　　　　　（b）按下按钮SB1

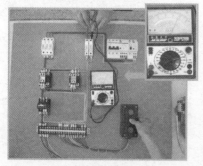
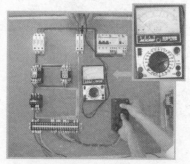

（c）按下按钮SB2　　　　　　　（d）先按下按钮SB1后再按下按钮SB2

图 2.34　自检控制电路接触器连锁检测部分

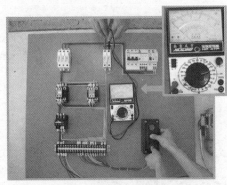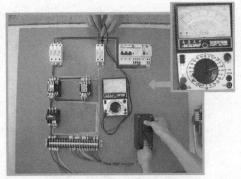

（e）先按下按钮SB2后再按下按钮SB3　　　　　　　　（f）先按下按钮SB1后再按下按钮SB3

图2.34　自检控制电路接触器连锁检测部分（续）

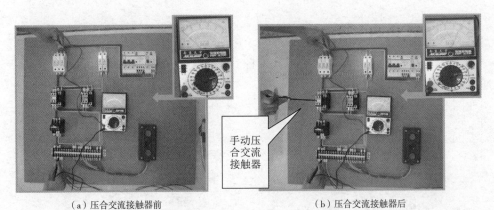

手动压合交流接触器

（a）压合交流接触器前　　　　　　　　　　（b）压合交流接触器后

图2.35　自检正转主电路

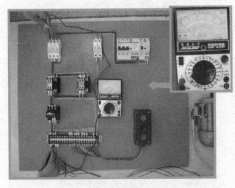

（a）压合交流接触器前　　　　　　　　　　（b）压合交流接触器后

图2.36　自检反转主电路

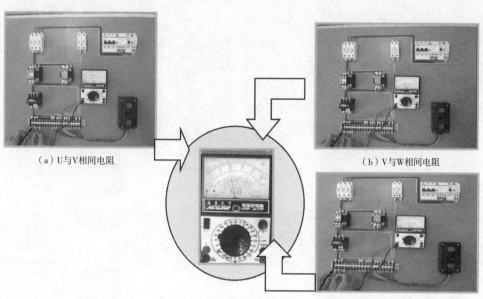

（a）U与V相间电阻　　　　　　　　　　（b）V与W相间电阻

（c）U与W相间电阻

图 2.37 　 自检电机相间电阻

5. 通电调试

按图 2.38 进行通电调试。

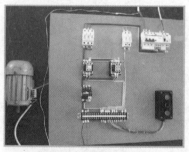

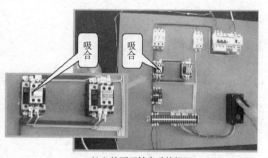

（a）合上控制电路电源后　　　　　　　　（b）按下正转启动按钮SB1

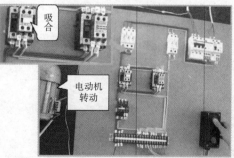

（c）合上主电路电源　　　　　　　　　　（d）按下正转启动按钮SB1

图 2.38 　 通电调试

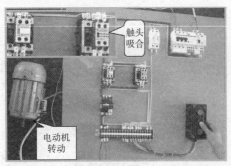

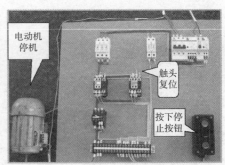
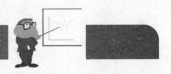

（e）按下反转启动按钮SB2电机反转	（f）按下停止按钮SB3电机停转

图 2.38　通电调试（续）

相关知识

一、三相电动机正反转控制电路的基础知识

在实际工作中电动机需要正反两个方向转动，电动机的转向取决于三相电源的相序，当电动机输入电源的相序为 L1—L2—L3，即为正相序时，电动机正转。若需反转仅需将其中任意两根相线换接（颠倒）一次即可。

电动机的正反转控制，最简单的控制方法可以采用倒顺开关直接控制，其控制与实现方法可参阅相关书籍。本项目重点讨论利用接触器联锁的正反转控制电路以及按钮和接触器双重联锁的控制电路。

二、接触器联锁的正反转控制电路工作原理

接触器联锁的正反转控制线路电气原理图如图 2.24 所示，当一个接触器得电动作时，通过其辅助常闭触头使另一个接触器不能得电动作，接触器之间这种相互制约的作用称为接触器联锁（或互锁）。实现联锁作用的辅助常闭触头称为联锁触头（或互锁触头），联锁用符号"▽"表示。工作原理如图 2.39 所示。

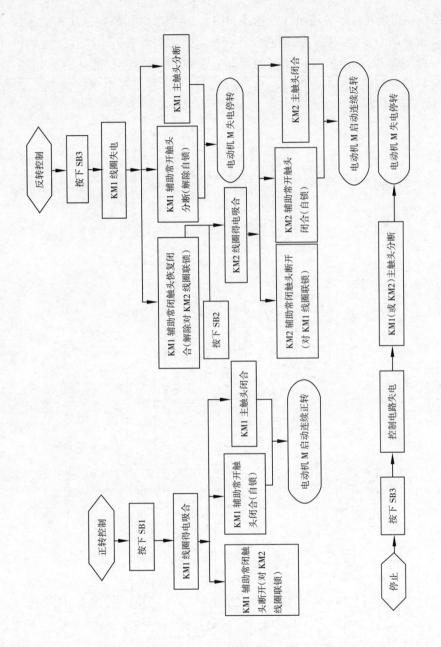

图2.39   接触器联锁的正反转控制电路工作原理

三、按钮和接触器双重联锁的控制电路工作原理

接触器联锁正反转控制线路电气原理图如图 2.24 所示，如果把正转按钮 SB1 和反转按钮 SB2 换成两个复合按钮，并把两个复合按钮的常闭触头也串接在对方的控制电路中，构成如图 2.30 所示的按钮和接触器双重联锁正反转控制线路，就能克服接触器联锁正反转控制线路操作不便的缺点，使线路操作方便，工作安全可靠，工作原理如图 2.40 所示。

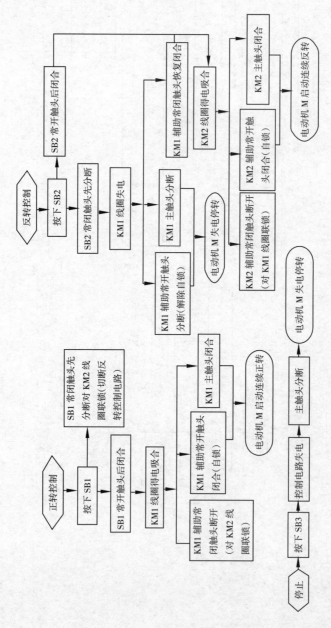

图2.40 按钮和接触器双重联锁的控制电路工作原理

工作台自动往返控制线路安装、调试、故障处理

场景描述

　　在实际生产中，有些生产机械的工作台要求在一定行程内自动往返运动，以实现对工件的连续加工，如图 2.41 所示，XN-11（L）行车式吸刮泥机便是自动往返控制的一个例子。本项目先由教师在实训板上示教，然后学生根据教师要求边听边练，最后由学生独立进行巩固训练操作，来完成工作台自动往返控制线路安装调试、故障处理的学习。

行车运行方向

图 2.41　XN-11（L）行车式吸刮泥机

任务目标

　　技能点：① 会选择、安装及标识工作台自动往返控制线路的元器件。

　　　　　② 能安装工作台自动往返控制线路。

　　　　　③ 能调试工作台自动往返控制线路。

　　　　　④ 能处理工作台自动往返控制线路故障。

　　知识点：工作台自动往返控制线路构成和工作原理。

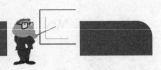

工作任务流程

本任务流程如图2.42所示。

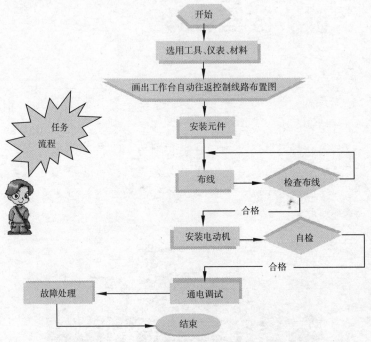

图2.42 工作台自动往返控制线路任务流程图

实践操作

一、工具、仪表、材料选用

1. 工具与仪表选用

工具与仪表选用见表2.4。本表格由学生自行填写，教师指导、检查。

表2.4 工具、仪表

工 具	
仪 表	

2. 材料选用

根据三相异步电动机工作台自动往返控制线路电气原理图（图2.43）和连接图（图2.44）选用材料（表2.5）。表2.5由学生自行填写，教师指导、检查。

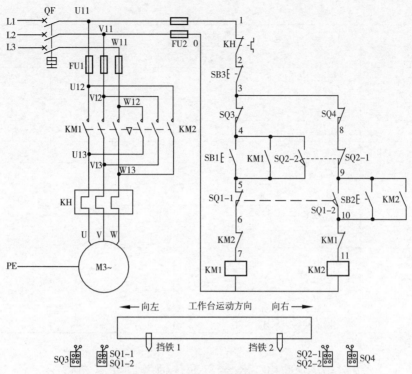

图 2.43　三相异步电动机工作台自动往返控制线路电气原理图

图 2.44　三相异步电动机工作台自动往返控制线路连线图

表 2.5　工作台自动往返控制元件、材料明细表

			元件材料明细表		
	代　号	名　称	型　号	规　格	数　量
器	M	三相笼型异步电动机			
材	QF	漏电保护断路器（主电路）			

元件材料明细表

	代 号	名 称	型 号	规 格	数 量
器材	QF	漏电保护断路器（控制电路）			
	FU1	熔断器			
	FU2	熔断器			
	KM1、KM2	交流接触器			
	KH	热继电器			
	SB1～SB3	按钮			
	SQ1～SQ4	行程开关			
	XT	端子板			
	—	控制板			
		走线槽			
		导线			
		紧固体和编码套管			

二、画出三相异步电动机工作台自动往返控制线路布置图

根据图 2.44 在实验板上画出控制线路布置图，注意应整齐匀称、间距合理，便于元件更换。

三、安装元件

检验所选电器元件的质量，按图 2.44 在控制板上安装电器元件，并贴上醒目的文字符号。行程开关必须牢固安装在合适的位置上。训练时，可将行程开关安装在控制板上方（或下方）两侧，以便进行手控模拟试验。

四、布线

① 安装线槽时，应做到横平竖直、排列整齐匀称、安装牢固、便于走线。

② 如图 2.45 所示，进行线槽配线，并在导线端部套编码套管和冷压接线头。板前线槽配线的工艺要求可归纳为以下几点。

a. 所有导线的截面积等于或大于 $0.5mm^2$ 时，必须采用软线。考虑机械强度的原因，所用导线的最小截面积在控制箱外为 $1mm^2$，在控制箱内为 $0.75mm^2$。但对控制箱内通过很小电流的电路连线，如电子逻辑电路，可用 $0.2mm^2$ 的导线，并且可以采用硬线，但只能用于不移动又无振动的场合。

b. 布线时，严禁损伤线芯和导线绝缘。

c. 各电器元件接线端子引出导线的走向以元件的水平中心线为界限。在水平中心线以上接线端子引出的导线，必须进入元件上面的走线槽；在水平中心线以下接线端

子引出的导线，必须进入元件下面的走线槽。任何导线都不允许从水平方向进入走线槽内。

（a）不盖线槽　　　　　　　　　　　　　　（b）盖线槽

图 2.45　布线，套编码套

d. 各电器元件接线端子上引出或引入的导线，除间距很小或元件机械强度很差时允许直接架空敷设外，其他导线必须经过走线槽进行连接。

e. 进入走线槽内的导线要完全置于走线槽内，并应尽可能避免交叉，装线不要超过其容量的 70%，以便于能盖上线槽盖和以后的装配及维修。

f. 各电器元件与走线槽之间的外露导线，应合理走线，并尽可能做到横平竖直，垂直变换走向。同一个元件上位置一致的端子和同型号电器元件中位置一致的端子上，引出或引入的导线，要敷设在同一平面上，并应做到高低一致或前后一致，不得交叉。

g. 所有接线端子、导线线头上，都应套有与电路图上相应接点线号一致的编码套管，并按线号进行连接，连接必须牢固，不得松动。

h. 在任何情况下，接线端子都必须与导线截面积和材料性质相适应。当接线端子不适合连接软线或不适合连接较小截面积的软线时，可以在导线端头穿上针形或叉形轧头并压紧。

i. 一般一个接线端子只能连接一根导线，如果采用专门设计的端子，可以连接两根或多根导线，但导线的连接方式必须是公认的、在工艺上成熟的，如夹紧、压接、焊接、绕接等，并应严格按照连接工艺的工序要求进行。

五、检查布线

根据图 2.45（a）检查控制板布线的正确性。

六、安装电动机

先连接电动机和按钮金属外壳的保护接地线，然后连接电源、电动机等控制板外部的导线如图 2.46 所示。

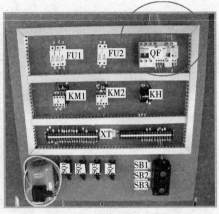

（a）安装电动机　　　　　　　　　　（b）连接电源

图 2.46　三相异步电动机工作台自动往返控制完整连线图

七、自检

① 在断电情况下，连接好三相电源后，并用万用表欧姆挡"$R \times 100$"，检查线路是否有短路。按下 SB1 或 SB2 时读数应为接触器线圈的直流电阻值，详细操作参见双重联锁控制线路自检步骤。

② 断开控制电路，按下交流接触器的观察孔，用万用表欧姆挡再检查主电路有无开路或短路现象，详细操作参见双重联锁主电路自检步骤，如图 2.35 和图 2.36 所示。

③ 用兆欧表（摇表）检查线路的绝缘电阻的阻值应不得小于 0.5MΩ，如图 2.47 所示。

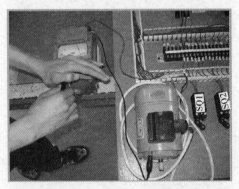

图 2.47　用兆欧表测绝缘电阻

八、通电调试

① 首先通电校验控制电路（图 2.48）。必须先手动行程开关 SQ2，观察交流接触器 KM1 是否吸合，若吸合则按下 SQ3，观察交流接触器是否断开，通过试验观察各行程控制和终端保护动作是否正常可靠。通电校验时，必须有指导教师在现场监护。

② 其次再用手拨一下电动机转子，观察转子是否有堵转现象。

③ 按下 SB1（或 SB2），再按下 SQ1（或 SQ2）观察电机是否能实现先正转再反转控制，

按下停止按钮 SB3 或 SQ3（或 SQ4）电机能停止。若能实现以上功能则可判断为正常。

九、故障处理

1. 在控制电路和主电路中分别人为设置一个电气故障时的检修注意事项

① 检修前，要先掌握电路图中各个控制环节的作用和原理。

② 在检修过程中，严禁扩大和产生新的故障，否则要立即停止检修。

③ 检修思路和方法要正确。

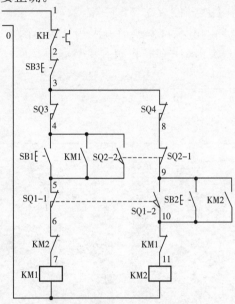

图 2.48　工作台自动往返控制部分电路

④ 寻找故障现象时，不要漏检行程开关，并且严禁在终端保护行程开关 SQ3、SQ4 上设置故障。

2. 控制电路训练

（1）用试验法观察故障现象

先合上电源开关 QS，然后按下 SB1（或 SB2），再按下 SQ2（或 SQ1），KM1 及 KM2 不吸合。

（2）用逻辑分析法缩小故障范围

根据故障现象（KM1 及 KM2 不吸合）确定故障点可能在控制电路的公共支路上。

（3）用测量法确定故障点

利用电工工具和仪表对线路进行带电或断电测量，常用的方法有电压测量法和电阻测量法。

① 电压测量法：测量检查时，首先把万用表的转换开关置于交流电压 500V 的档位上，接通电源，先用万用表测量 0 和 1 两线之间的电压，若电压为 380V，则说明控制电路的电源电压正常。然后把黑表棒接到 0 线上，红表棒依次接到 2、3 各线上，分

别测量0和2、0和3间的电压，根据测量结果即可找出故障点，见表2.6。表中符号"×"表示不需再测量。

表2.6 电压测量法查找故障点

故障现象	0和2	0和3	故障点
按下SB1（或SB2），再按下SQ2	0	×	KH常闭触头接触不良
（或SQ1），KM1及KM2都不吸合	380V	0	SB3常闭触头接触不良

② 电阻测量法：测量检查时，首先把万用表的转换开关置于倍率适当的电阻挡位上（一般选"$R\times100$"以上的挡位），然后进行测量。

检测时，首先切断电路的电源（这点与电压测量法不同），用万用表依次测量出1和2、1和3间的电阻值。根据测量结果即可找出故障点，见表2.7和图2.49。

表2.7 电阻测量法查找故障点

故障现象	1和2	1和3	故障点
按下SB1（或SB2），再按下SQ2	∞	×	KH常闭触头接触不良
（或SQ1）KM1及KM2不吸合	0	∞	SB3常闭触头接触不良

（a）测量1和2间电阻为0，KH常闭触头正常　　（b）1和2间电阻为∞时，KH常闭触头接触不良

图2.49 电阻测量法

（4）根据故障点的情况，采取正确的检修方法，排除故障

① 热继电器KH常闭点接触不良，按下复位按钮不能复位，则说明热继电器已损坏，可更换同型号的热继电器，并调整电流值；按下复位按钮能复位说明热继电器KH可用，但要查明热继电器KH动作原因并排除隐患。

② SB3常闭触头接触不良，修复或更换按钮SB3。

3．主电路训练

① 用试验法观察故障现象。先合上QF，按下SB1时，电动机M正转。当按下SQ1时，M反转但转速极低甚至不转，并发出"嗡嗡"声，此时，应立即切断电源。

② 用逻辑分析法缩小故障范围。根据故障现象分析线路故障范围可能在电源电路和主电路上。

③ 用测量法确定故障点。根据故障现象断开QF，用测电笔检验主电路无电后，拆除电动机M的负载线并恢复绝缘。再合上QF，按下SQ1，用测电笔沿着主回路从上

至下依次测试各接点，查得交流接触器 KM2 的 W13 段的导线开路（图 2.50）。

④ 根据故障点的情况，采取正确的检修方法排除故障重新接好 W13 处的连接点或更换同规格的连接接触器 KM2 输出端 W13 与热继电器受电端 W13 的导线。

⑤ 检修完毕通电试车。切断电源重新连好电动机 M 的负载线，在教师同意并监护下，合上 QF，按下 SB1（或 SB2），再按下 SQ1（或 SQ2），观察电动机是否能实现先正转再反转控制，按下停止按钮 SB3 或 SQ3（或 SQ4），电动机能停止。

故障点：
接触器KM2
输出端W13

图 2.50　主回路故障示意图

相关知识

一、三相异步电动机工作台自动往返控制电路的基础知识

在生产实际中，为了便于实现对工件的连续加工，提高生产效率。就需要电气控制线路能控制电动机实现自动换接正反转。由行程开关控制的工作台自动往返控制线路如图 2.43 所示。

线路特征：为了使电动机的正反转控制与工作台的左右运动相配合，在控制线路中设置了四个行程开关 SQ1、SQ2、SQ3 和 SQ4，并把它们安装在工作台需限位的地方。其中 SQ1、SQ2 用来自动换接电动机正反转控制电路，实现工作台的自动往返；SQ3 和 SQ4 用作终端保护，以防止 SQ1、SQ2 失灵，工作台越过限定位置而造成事故。在工作台边的 T 形槽中装有两块挡铁，挡铁 1 只能和 SQ1、SQ3 相碰撞，挡铁 2 只能和 SQ2、SQ4 相碰撞。当工作台运动到所限位置时，挡铁碰撞行程开关，使其触头动作，自动换接电动机正反转控制电路，通过机械传动机构使工作台自动往返运动。工作台行程可通过移动挡铁位置来调节，拉开两块挡铁间的距离，行程变短，反之则变长。

二、线路的工作原理

工作原理的流程如图 2.51 所示，先合上电源开关 QF。

启动：

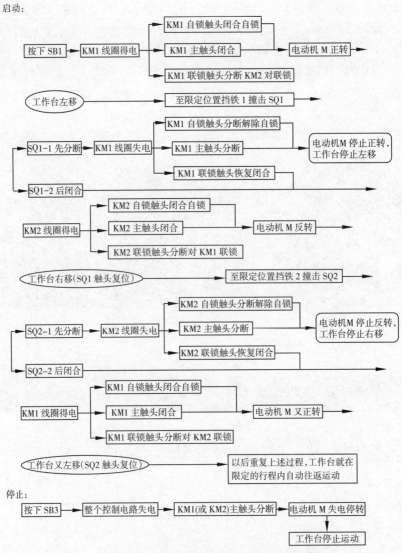

图 2.51　自动往返控制线路工作原理流程图

注意： 这里 SB1、SB2 分别作为正转启动按钮和反转启动按钮，若启动时工作台在左端，则应按下 SB2 进行启动。

任务4

电动机串电阻降压启动控制线路安装、调试、故障处理

场景描述

如果电动机的功率比较大，启动比较频繁，启动电流就比较大，这时不能采用全压来启动，可以采用降压来启动。定子绕组串电阻降压启动是在启动时，在电动机定子绕组上串联电阻，启动电流在电阻上产生电压降，使实际加到电动机定子绕组的电压低于额定电压，待电动机启动后，再将串联的电阻短接，使电动机在额定电压下运行。本项目先由教师在实训板上示教，然后学生根据教师要求边听边练，最后由学生独立进行巩固训练操作，来完成定子绕组串电阻降压启动控制线路安装调试、故障处理的学习。

任务目标

技能点：① 会选择、安装及标识电动机串电阻降压启动控制线路的元器件。
② 能安装电动机串电阻降压启动控制线路。
③ 能调试电动机串电阻降压启动控制线路。
④ 能处理电动机串电阻降压启动控制线路故障。

知识点：电动机串电阻降压启动控制线路构成和工作原理。

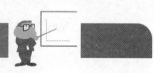
工作任务流程

本任务流程如图2.52所示。

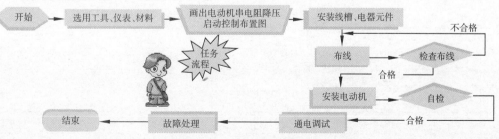

图2.52 工作任务流程图

■ 实践操作

一、工具、仪表、材料选用

1. 工具与仪表选用

工具与仪表选用如表 2.8 所示。本表格由学生自行填写，教师指导、检查。

表 2.8　工具仪表

工　具	
仪　表	

2. 材料选用

根据三相异步电动机定子绕组串电阻降压启动控制线路电气原理图（图 2.53）和连线图（图 2.54）选用材料（表 2.9）。表 2.9 由学生自行填写，教师指导、检查。

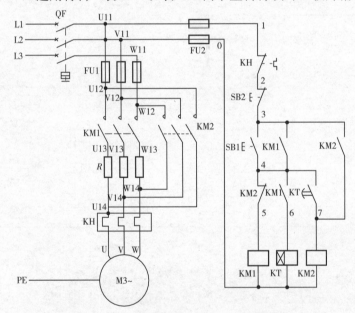

图 2.53　串电阻降压启动控制线路图

表 2.9　电动机串电阻降压启动元件材料明细表

元件、材料明细表					
	代　号	名　称	型　号	规　格	数　量
器材	M	三相笼型异步电动机			
	QF	漏电保护断路器（主电路）			
	—	漏电保护断路器（控制电路）			

元件、材料明细表

	代　号	名　　称	型　号	规　格	数　量
器材	FU1	熔断器			
	FU2	熔断器			
	KM1，KM2	交流接触器			
	KT	时间继电器			
	KH	热继电器			
	R	电阻器			
	SB1，SB2	按钮			
	XT	端子板			
	—	控制板			
		走线槽			
		导线			
		紧固体和编码套管			

二、画出三相异步电动机串电阻降压启动控制线路布置图

根据图 2.54 在实验板上画出控制线路布置图，注意位置整齐匀称，间距合理，便于元件更换。

三、安装线槽、电器元件

线槽、电器元件可参照图 2.55 进行安装，电阻器置于箱外时，必须采取遮护或隔离措施，以防止发生触电事故。

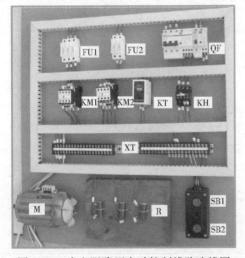

图 2.54　串电阻降压启动控制线路连线图

图 2.55　串电阻降压启动控制线路布线

四、布线

布线时，要注意短接电阻器的交流 KM2 接触器在主电路的接线不能接错，否则会由于相序接反而造成电动机反转。

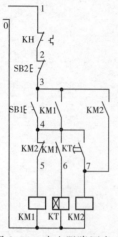

图 2.56　串电阻降压启动
线路自检电路

五、检查布线

根据图 2.55 检查控制板布线的正确性。

六、自检

自检电路及实物图分别如图 2.56 和图 2.57 所示。

① 外观检查有无漏接、错接，导线的牢固性接点接触是否良好。

② 校表。

③ 用万用表欧姆挡检查。将表笔分别搭在 0、1 线端上，读数应为"∞"。按下按钮 SB1 时读数应为交流接触器 KM1 线圈电阻值，按下 KM1 交流接触器的观察孔时读数应为交流接触器 KM1 与 KT 线圈并联电阻值，再轻按交流接触器 KM2 的观察孔应为 KT 线圈电阻值，再深按交流接触器 KM2 的观察孔时应为交流接触器 KM2 与 KT 线圈并联电阻值，即通过看表的读数变化判断控制电路正确与否。

（a）没按按钮

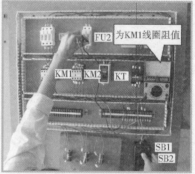

（b）按下按钮SB1

（c）按下KM1

（d）按下KM2

图 2.57　自检控制电路部分

（e）按下KM1轻按KM2

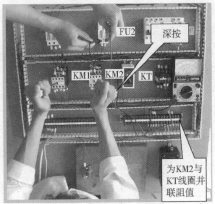

（f）按下KM1同时深按下KM2

注：意看表的指针变化。

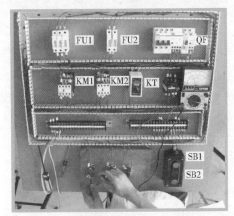

（g）测量R的好坏（三个R都要测）

图 2.57　自检控制电路部分（续）

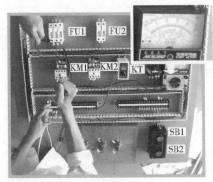

（a）阻值较（b）大

（b）阻值较（a）小

图 2.58　自检主电路部分

想一想：为何图 2.58 中（a）图的阻值比（b）图的阻值大？

七、安装电动机及连接电源

电动机不带电的金属外壳必须可靠接地，并应将接地线接在它们指定的专用接地螺钉上（图2.59）。

图 2.59　连接电动机和电源

八、通电调试

（1）首先通电调试控制电路

闭合 QF，按下 SB1，观察交流接触器 KM1 与 KT 线圈是否吸合，若吸合，则经过2～3s时间观察交流接触器 KM1 是否断开，交流接触器 KM2 是否吸合。按下停止按钮 SB2，交流接触器 KM2 能否复位（图2.60）。

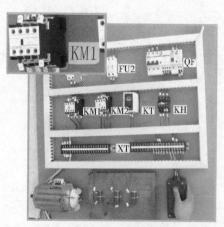 

（a）按下SB1，KM1与KT吸合　　　　　（b）经过一定时间KM1断开，KM2吸合

图 2.60　通电调试控制电路

（2）闭合主电路 QF，调试电动机串电阻降压启动（图2.61）

调试主电路如图 2.61 所示。

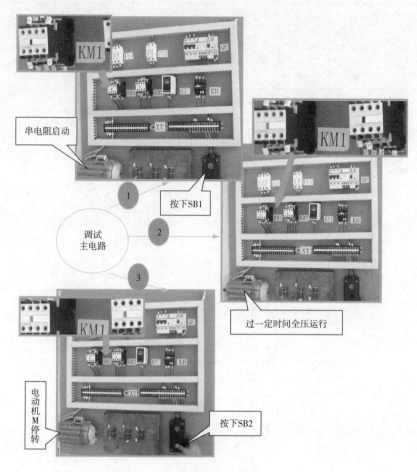

图 2.61　通电调试主电路

九、故障处理

1. 检修注意事项

① 要认真听取和仔细观察指导教师在示范过程中的讲解和检修操作。

② 在排除故障的过程中，分析思路和排除方法要正确。

③ 带电检修故障时，必须有教师在现场监护，并要确保用电安全。

④ 不能随意更改线路和带电触摸电器元件。

⑤ 检修必须在规定的时间内完成。

2. 故障检修步骤和方法

故障检修步骤和方法见表 2.10，图 2.62 为人为设置两处故障的线路图。

表 2.10 故障检修步骤和方法

检修步骤	控制电路故障	主电路故障
a. 用试验法观察故障现象	合上 QF，按下 SB1 时，KM1、KT、KM2 均不吸合	先合上 QF，按下 SB1 时，电动机 M 转速极低甚至不转，并发出"嗡嗡"声，此时，应立即切断电源
b. 用逻辑分析法判定故障范围	由故障现象得知故障应在控制电路的公共支路	根据故障现象分析线路判定故障范围可能在电源电路和主电路上
c. 用测量法确定故障点	用电阻测量法找到故障点为 FU2 熔体断路	根据故障现象断开 QF
d. 根据故障点的情况，采取正确的检修方法排除故障	更换 FU2 熔体	该故障模拟 R 损坏引起开路，恢复接通 U13 点
e. 检修完毕通电试车	切断电源重新连好故障点，在教师同意并监护下，合上 QF，按下 SB1，观察和检测线路和电动机的运行情况，检验合格后电动机正常运行	

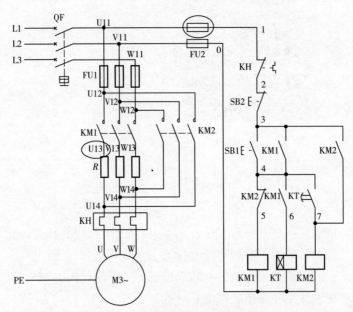

图 2.62 人为设置两处故障的线路图

① 检查控制电路部分故障（图 2.63）。

② 检查主电路部分故障（图 2.64）。

图①万用表的读数为∞；图 2.64 中万用表②③的读数为 R 的阻值；图 2.64 中万用表④⑤⑥的读数为 0；图 2.64 中⑦为找到故障点。

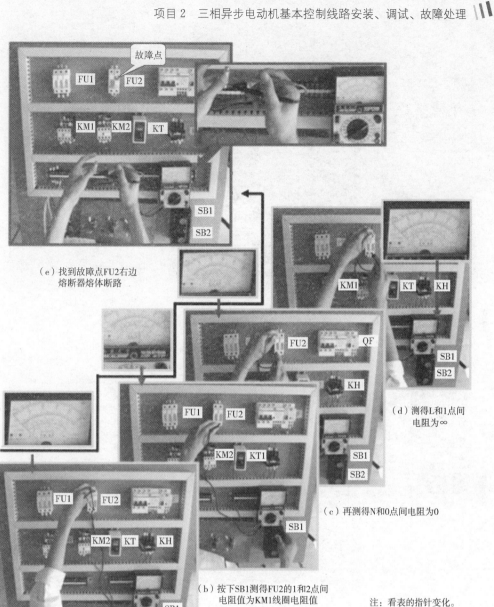

（e）找到故障点 FU2 右边熔断器熔体断路

（d）测得 L 和 1 点间电阻为∞

（c）再测得 N 和 0 点间电阻为 0

（b）按下 SB1 测得 FU2 的 1 和 2 点间电阻值为 KM1 线圈电阻值

注：看表的指针变化。

（a）按下 SB1 测得 FU2 上端电源进线电阻为∞

图 2.63　控制电路故障

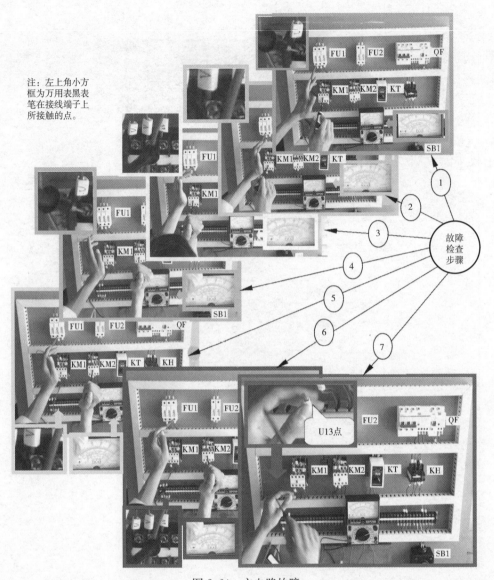

注：左上角小方框为万用表黑表笔在接线端子上所接触的点。

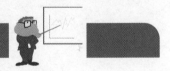

图 2.64 主电路故障

相关知识

一、三相异步电动机串电阻降压启动控制线路的基础知识

在电动机功率比较小的时候，或电动机启动不频繁时，可以采用电动机直接启动控制电路。但如果电动机的功率比较大，启动比较频繁时，此时启动电流就比较大，因此，就不能采用全压来启动，一般采用降压启动电路。定子绕组串电阻降压启动是

在启动时，在电动机定子绕组上串联电阻，启动电流在电阻上产生电压降，使实际加到电动机定子绕组中的电压低于额定电压，待电动机启动后，再将串联的电阻短接，使电动机在额定电压下运行。如图 2.53 所示的串电阻降压启动控制线路图。

二、线路的工作原理

线路工作原理的流程如图 2.65 所示。

降压启动：先闭合电源开关 QF。

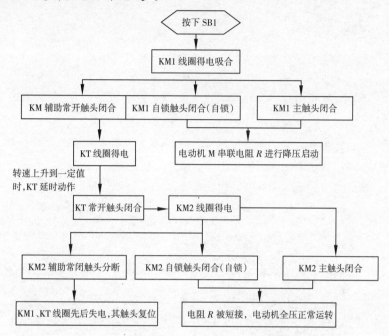

图 2.65　三相异步电动机串电阻降压启动控制线路工作原理流程图

任务 5 两台电动机顺序启动控制线路安装、调试、故障处理

场景描述

在装有多台电动机的生产机械上，有时需要按一定的顺序启动或停止，才能保证操作过程的合理和工作的安全可靠。例如，M7120 型平面磨床要求当砂轮电动机启动后，冷却泵电动机才能启动；X62W 型万能铣床要求主轴电动机启动后，进给电动机才能启动，如图 2.66 所示。本项目先由教师在实训板上示教，然后学生根据教师要求边听边练，最后由学生独立进行巩固训练操作，来完成两台电动机顺序启动/逆序停止控制线路安装调试、故障处理的学习。

图 2.66 X62W 型万能铣床实物图

任务目标

技能点：① 会选择、安装及标识两台电动机顺序启动/逆序停止控制线路的元器件。

② 能安装两台电动机顺序启动/逆序停止控制线路。

③ 能调试两台电动机顺序启动/逆序停止控制线路。

④ 能处理两台电动机顺序启动/逆序停止控制线路故障。

知识点：两台电动机顺序启动/逆序停止控制线路的构成和工作原理。

工作任务流程

本任务流程如图2.67所示。

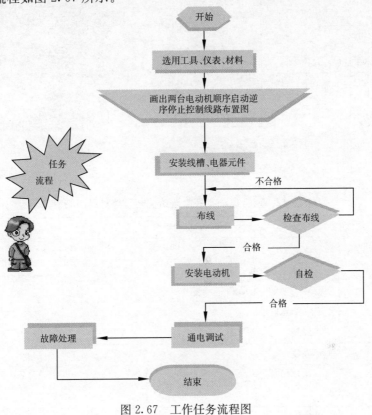

图2.67 工作任务流程图

实践操作

一、工具、仪表、材料选用

1. 工具与仪表选用

工具与仪表选用见表2.11。本表格由学生自行填写，教师指导、检查。

表2.11 工具、仪表

工 具	
仪 表	

2. 材料选用

根据两台电动机顺序启动/逆序停止控制线路电气原理图（图2.68）和连线图

（图 2.69)选用材料（表 2.12）。表 2.12 由学生自行填写，教师指导、检查。

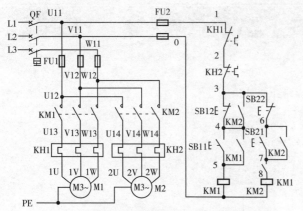

图 2.68 两台电动机顺序启动/
逆序停止控制线路电气原理图

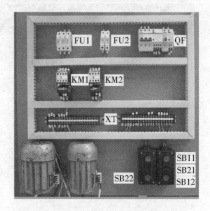

图 2.69 两台电动机顺序启动
控制线路连线图

表 2.12 两台电动机顺序启动控制元件材料明细表

元件、材料明细表					
	代　号	名　称	型　号	规　格	数　量
器材	M1	三相笼型异步电动机			
	M2	三相笼型异步电动机			
	QF	低压断路器			
	FU1	熔断器			
	FU2	熔断器			
	KM1	交流接触器			
	KM2	交流接触器			
	KH1、KH2	热继电器			
	SB11、SB12、SB21、SB22	按钮			
	XT	端子板			
	—	控制板一块 主电路塑铜线 控制电路塑铜线 按钮塑铜线 接地塑铜线 紧固体和编码套管			

二、画出两台电动机顺序启动/逆序停止控制线路布置图

根据图 2.69 在实验板上画出控制线路布置图，注意位置整齐匀称，间距合理，便于元件更换。

四、安装线槽、布线

安装线槽、电器元件，并贴上醒目的文字符号。在控制板上进行板前线槽布线并在导线端部套上编码套管，如图 2.70 所示。

图 2.70　两台电动机顺序启动控制线路布线图

五、检查布线

根据图 2.70 检查控制板布线的正确性。

六、自检

自检步骤如下：

① 外观检查有无漏接，错接，导线的牢固性接点接触是否良好；

② 校表；

③ 用万用表欧姆挡检查。

a. 如图 2.71 所示，将万用表切换到欧姆挡，将表笔分别搭在 0、1 线端上，读数应为"∞"。按下按钮 SB11 或压合交流接触器 KM1 时读数应为交流接触器 KM1 线圈电阻值，如图 2.72（b）所示；按下按钮 SB21 并且压合交流接触器 KM1 时读数应为交流接触器 KM2、KM1 线圈并联电阻值，如图 2.72（c）所示；按下 KM1 和 KM2 触头时读数应为交流接触器 KM2、KM1 线圈并联电阻值，如图 2.72（d）所示。该检查通过看表的读数变化判断控制电路正确与否。

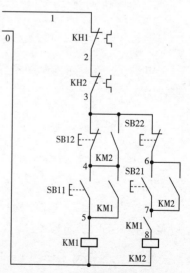

图 2.71　两台电动机顺序启动逆序/停止电路控制线路部分

（a）没按按钮　　　　　　　　　　　（b）按下按钮SB11，读数为KM1线圈阻值

（c）按下KM1、SB21，读数为KM1与KM2线圈并联阻值　　（d）按下KM1、KM2，读数为KM1与KM2线圈并联阻值

图 2.72　自检控制电路部分

b. 测主电路部分（参见本项目任务 2）。

七、安装电动机及连接电源

电动机不带电的金属外壳必须可靠接地，并应将接地线接在它们指定的专用接地螺钉上。

八、通电调试

1. 通电调试控制电路

如图 2.73 所示，合上控制电路 QF，按下 SB11，观察交流接触器 KM1 是否吸合，若吸合，按下 SB21 观察交流接触器 KM2 是否吸合，若吸合，按下 SB22 看 KM2 能否复位，按下 SB12 看 KM1 能否复位。

2. 合上主电路 QF，调试电动机顺序启动/逆序停止

合上控制电路 QF，按下 SB11，观察交流接触器 KM1 是否吸合，若吸合，并且电动机 M1 启动；按下 SB21，观察交流接触器 KM2 是否吸合，若吸合，并且电动机 M2 启动；按下 SB22 看 KM2 能否复位，并且电动机 M2 能否停止；按下 SB12 看 KM1 能

否复位，并且电动机 M1 能否停止。

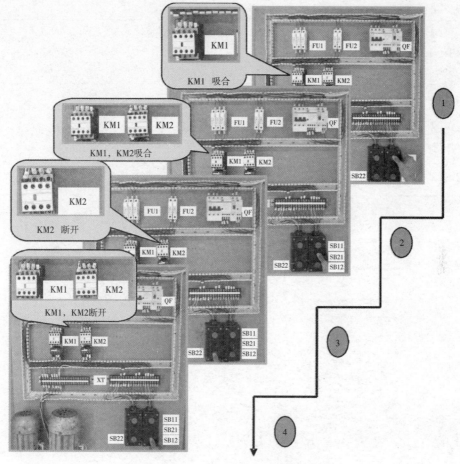

图 2.73 通电调试控制电路

九、故障处理

故障现象：合上 QF，按下 SB11 时 KM1 吸合，按下 SB21 时 KM2 不吸合，如图 2.74所示。

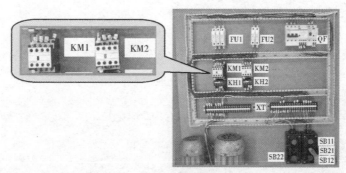

图 2.74 人为设置故障的线路图

故障检修步骤和方法见表2.13。

表 2.13 故障检测步骤和方法

检修步骤	控制电路故障
a. 用试验法观察故障现象	合上 QF，按下 SB11 时，KM1 吸合，按下 SB21 时，KM2 不吸合
b. 用逻辑分析法判定故障范围	由故障现象得知故障应在控制电路的 0 至 3 点之间
c. 用测量法确定故障点	用电压测量法（图 2.75）找得故障点为控制顺序的 KM1 常开触头接触不良或连接导线松脱
d. 根据故障点的情况，采取正确的检修方法排除故障	该故障模拟控制顺序的 KM1 常开触头连接导线 7 号线松脱，恢复接通该点
e. 检修完毕通电试车	切断电源重新连好故障点，在教师同意并监护下，合上 QF，按下 SB1，观察和检测线路和电动机的运行情况，检验合格后电动机正常运行

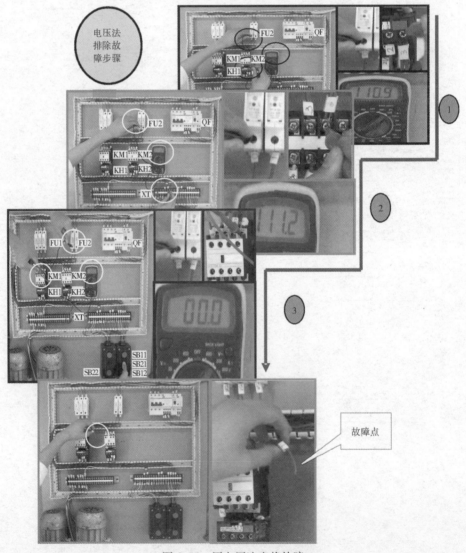

图 2.75 用电压法查找故障

相关知识

一、两台电动机顺序启动控制线路的基础知识

在机床操作中，常常需要两台或多台电动机按一定顺序启动或停车。控制中要求实现按一定顺序来完成几台设备的启动和停止的控制方法称为顺序控制。下面以两台电动机的顺序启动/逆序停止的控制电路为例来学习顺序控制。

如图 2.68 所示，该顺序控制特点为：在电动机 M2 的控制电路中串联了接触器 KM1 的辅助常开触头，即电动机 M1 不启动，电动机 M2 无法启动；由于与电动机 M1 停止按钮并联了 KM2 的辅助常开触头，只有交流接触器 KM2 断电，电动机 M1 才能进行停止操作。

二、线路的工作原理

启动过程见图 2.76。

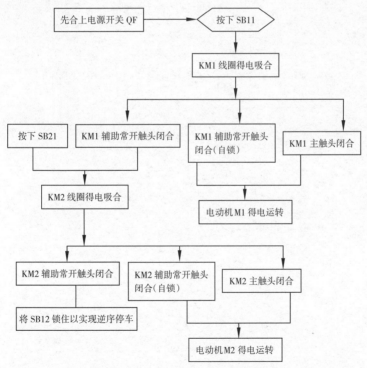

图 2.76　两台电动机顺序启动/逆序停止控制线路启动过程流程图

停止过程见图 2.77。

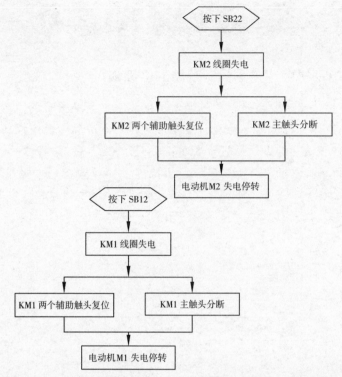

图 2.77　两台电动机顺序启动/逆序停止控制线路停止过程流程图

任务 6

时间继电器自动控制星形—三角形降压启动控制线路的安装、调试、故障处理

场景描述

　　大功率电动机启动时会对电网电压造成冲击，因电枢电流和电压成正比，启动时可采用降低定子绕组上的电压的方式，通过降低电压减小启动电流，从而达到减小对电网电压的影响，待转速上升后再将电压恢复到额定值，使电动机在正常电压下运行。星形—三角形（Y—△）换接启动是常用降压启动方式。本任务先由教师在实训板上示教，然后学生根据教师要求边听边练，最后由学生独立进行巩固训练操作，来完成时间继电器自动控制星形—三角形降压启动控制线路安装调试、故障处理的学习。

任务目标

　　技能点：① 会选择、安装及标识时间继电器自动控制星形—三角形降压启动控制线路的元器件。

　　　　　　② 能安装时间继电器自动控制星形—三角形降压启动控制线路。

　　　　　　③ 能调试时间继电器自动控制星形—三角形降压启动控制线路。

　　　　　　④ 能处理时间继电器自动控制星形—三角形降压启动控制线路故障。

　　知识点：时间继电器自动控制星形—三角形降压启动控制线路的构成、工作原理。

工作任务流程

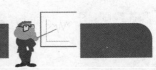

　　本任务流程如图 2.78 所示。

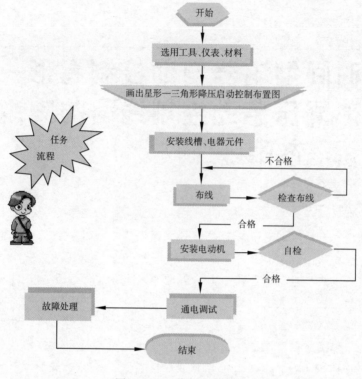

图 2.78　工作任务流程图

■ 实践操作

一、工具、仪表、材料选用

1. 工具与仪表选用

工具与仪表选用见表 2.14。本表格由学生自行填写，教师指导、检查。

表 2.14　工具、仪表

工具	
仪表	

2. 材料选用

根据时间继电器自动控制星形—三角形降压启动控制线路电气原理图（图 2.79）和连线图（图 2.80）选用材料（表 2.15）。表 2.15 由学生自行填写，教师指导、检查。

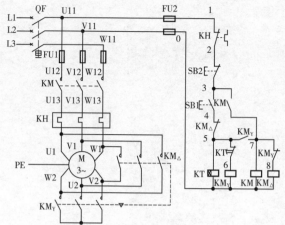

图 2.79　时间继电器自动控制星形—三角形
降压启动控制线路电气原理图

图 2.80　时间继电器自动控制星形—三角形
降压启动控制线路连线图

表 2.15　时间继电器自动控制星形—三角形降压启动控制元件材料明细表

元件、材料明细表						质检要求
	代　号	名　　称	型　号	规　格	数　量	
器材	M	三相笼型异步电动机				
	QF	低压断路器				
	FU1	熔断器				
	FU2	熔断器				
	KT	时间继电器				
	KM	交流接触器				
	SB	按钮				
	XT	端子板				
	—	控制板一块				
		主电路塑铜线				
		控制电路塑铜线按钮				
		塑铜线				
		接地塑铜线				
		紧固体和编码套管				

二、画出时间继电器自动控制星形—三角形降压启动控制线路布置图

根据图 2.80 在实验板上画出控制线路布置图，注意位置整齐匀称，间距合理，便于元件更换。

三、安装线槽和电器元件

安装线槽时，应做到横平竖直、排列整齐匀称、安装牢固、便于走线。检验所选电器元件的质量，按图 2.81 在控制板上安装电器元件，并贴上醒目的文字符号。

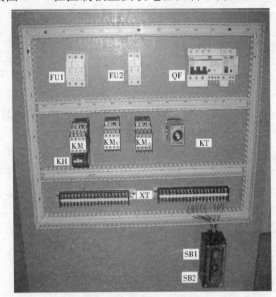

图 2.81　安装线槽、电器元件

四、布线

控制板外部配线，必须按要求一律装在导线通道内，使导线有适当的机械保护，以防止液体、铁屑和灰尘的侵入。在训练时，可适当降低要求，但必须以能确保安全为条件，如采用多芯橡皮线或塑料护套软线。

五、检查布线

图 2.82 为板前线槽布线图，请根据图 2.82（b）检查控制板布线的正确性。

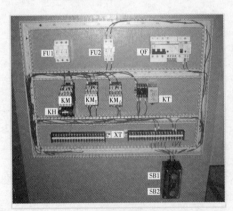

（a）控制电路部分

（b）加入主电路部分

图 2.82　板前线槽布线，套编码套

六、自检

1. 外观检查

检查有无漏接、错接，导线的接点接触是否良好。

2. 校表

万用表校正如图2.83所示。

 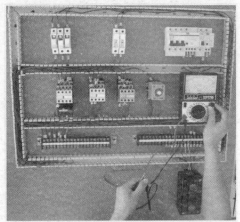

（a）万用表机械调零　　　　　（b）万用表欧姆调零

图2.83　万用表校正

3. 用万用表欧姆挡检查

① 将表笔分别搭在0、1线端上（图2.84），读数应为"∞"。按下SB1时读数应为接触器KM_Y与时间继电器KT线圈并联电阻值，按下按钮SB1并断开6号线，如图2.85（c）所示，所测为时间继电器KT线圈电阻值，通过看表发现所测阻值变大，说明接触器KM_Y与时间继电器KT线圈支路正常。

② 将表笔分别搭在0、1线端上，读数应为"∞"，如图2.86（a）所示；压合交流接触器KM时，读数应为接触器$KM_\triangle$与接触器KM线圈并联电阻值，如图2.85（b）所示；当压合交流接触器KM并断开8号线时，所测线圈阻值变大，如图2.86（c）所示，说明$KM_\triangle$与交流接触器KM线圈支路正常。

③ 将表笔分别搭在U11、U1线端上，读数应为"∞"。按下KM触头时读数应接近于零，这样再测V11、V1，之后分别测KM_Y与$KM_\triangle$主触头接触是否正常（图2.87）。

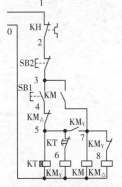

图2.84　时间继电器自动控制
星形—三角形降压启动控制部分电路

（a）没按按钮

（b）按下按钮SB1

断开6号线

（c）按下按钮SB1并断开6号线

图 2.85　测控制电路中 KM$_Y$ 与时间继电器 KT 线圈支路

（a）压合交流接触器KM前

（b）压合交流接触器KM后

图 2.86　测控制电路中 KM$_\triangle$ 与时间继电器 KM 线圈支路

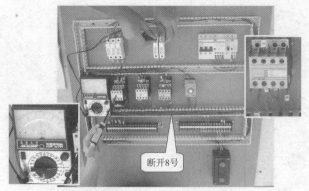

（c）压合交流接触器并断开8号线

图 2.86　测控制电路中 KM△ 与时间继电器 KM 线圈支路（续）

（a）没压合KM时，U11、U1之间电阻为∞

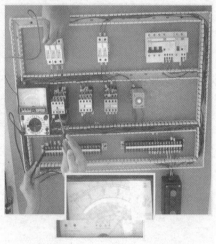

（b）手动压合KM后，测得U11、U1两点间电阻为0

（c）没压合KMY时，KMY主触头常开

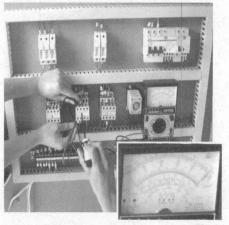

（d）手动压合KMY后，KMY主触头闭合

图 2.87　自检主电路

（e）没按下KM△时，KM△主触头断开　　　　　　　　（f）手动压下KM△后，KM△主触头闭合

图 2.87　自检主电路（续）

七、安装电动机及连接电源

首先，用兆欧表测电动机的绝缘电阻（图 2.88）。

其次，连接电动机接地线，然后连接电源、电动机等控制板外部的导线（图 2.89）。用星形—三角形降压启动控制的电动机，必须有 6 个出线端子，且定子绕组在三角形接法的额定电压等于三相电源的线电压。接线时，要保证电动机三角形接法的正确性，即接触器主触头闭合时，应保证定子绕组的 U1 与 W2、V1 与 U2、W1 与 V2 相连接。接触器 KM_Y 的进线必须从三相定子绕组的末端引入，若误将其首端引入，则在 KM_Y 吸合时，会产生三相电源短路事故。

图 2.88　用兆欧表测绝缘电阻　　　　　　　　图 2.89　连接电动机和电源

八、通电调试

通电调试步骤如图 2.90 和图 2.91 所示。

① 通电调试时，必须有指导教师在现场监护，先用手拨一下电动机转子，观察转子是否有堵转现象。

② 首先调试控制电路。合上 QF，按下 SB1，观察交流接触器 KM 与 KM_Y 是否吸合，若吸合后经过一定时间延时，观察交流接触器 KM_Y 是否断开，$KM_\triangle$ 是否吸合。按下停止按钮 SB2，观察 KM 与 $KM_\triangle$ 能否复位。

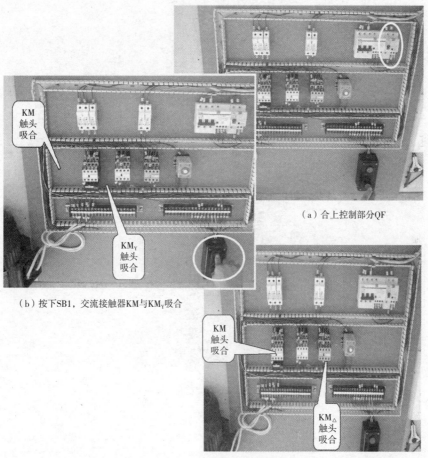

（a）合上控制部分QF

（b）按下SB1，交流接触器KM与KM_Y吸合

（c）交流接触器KM_Y断开，$KM_\triangle$吸合

图 2.90　通电调试控制电路

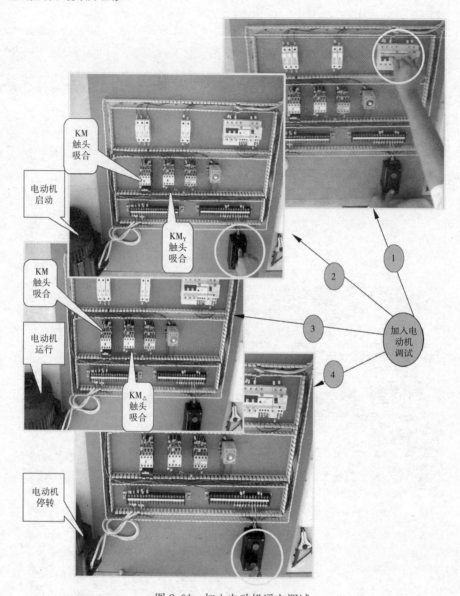

图 2.91　加入电动机通电调试

九、故障处理

1. 主检修注意事项

① 要认真听取和仔细观察指导教师在示范过程中的讲解和检修操作。

② 要熟练掌握电路图中各个环节的作用。

③ 工具和仪表使用要正确。

④ 在排除故障的过程中，分析思路和排除方法要正确。

⑤ 带电检修故障时，必须有教师在现场监护，并要确保用电安全。

⑥ 不能随意更改线路和带电触摸电器元件。

⑦ 检修必须在规定的时间内完成。

2. 故障检修步骤和方法

表 2.16　故障检修步骤和方法

检修步骤	控制电路故障一（图 2.92）	控制电路故障二（图 2.93）
a. 用试验法观察故障现象	合上 QF，按下 SB1 时，KM、KM$_Y$均不吸合	合上 QF，按下 SB1 时，KM、KM$_Y$均吸合，电动机星形接启动，但不能三角形连接运行
b. 用逻辑分析法判定故障范围	由 KM$_Y$不吸合分析电路图初步确定故障点可能在控制电路的公共支路及 3、6 号线之间	由 KM$_\triangle$不能吸合造成不能三角形连接运行的现象，分析电路图初步确定故障点可能在控制电路的 7、8、0 号线之间
c. 用测量法确定故障点	用电阻测量法找得故障点为控制电路 KM$_\triangle$常闭触头所接 5 号线断开	用电阻测量法找得故障点为控制电路 KM$_\triangle$线圈所接 8 号线断开
d. 根据故障点的情况，采取正确的检修方法排除故障	重换与 KM$_\triangle$常闭触头相连的 5 号线	该故障模拟 KM$_\triangle$线圈损坏引起开路，恢复接通 8、0 号线
e. 检修完毕通电试车	切断电源重新连好故障点，在教师同意并监护下，合上 QF，按下 SB1，观察和检测线路和电动机的运行情况，检验合格后电动机正常运行	

（a）按下SB1，测得0、1间电阻为∞

（b）测得1、2间电阻为0

（c）按下SB1，测得2、4间电阻为0

（d）测得4、5间电阻为∞

图 2.92　控制电路故障一

（e）找到故障点 （f）更换5号线后，测得4、5间电阻为0

图 2.92 控制电路故障一（续）

断开KM线圈的0号线

故障点8号线

（a）测得KMγ的常闭触头到KM△线圈的8号线电阻为∞ （b）找到故障点

（c）更换8号线后，测得KMγ的常闭触头到 KM△线圈的8号线电阻为0

（d）恢复接上KM线圈的0号线，盖上线槽盖

图 2.93 控制电路故障二

想一想：为什么要断开 KM 线圈的 0 号线，再测量？

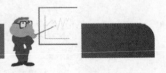

相关知识

一、星形—三角形降压启动控制线路的基础知识

星形—三角形启动指正常运行时定子绕组接成三角形的笼型异步电动机，启动时先将定子绕组接成星形（Y），待转速上升接近额定转速时，再将定子绕组由星形换接为三角形，电动机便进入全电压正常运行状态。星形—三角形换接启动方法的控制特

点是，采用星形—三角形换接启动，可使启动电流减小为原三角形启动电流的 1/3，启动电压减小为原三角形启动电压的 $1/\sqrt{3}$，但需注意的是电动机三相绕组的六个出线端均须引出。一般功率在 4kW 以上的三相异步电动机运行时均采用三角形接法。

时间继电器自动控制星形—三角形降压启动控制线路如图 2.78 所示。该线路由三个接触器、一个热继电器、一个时间继电器和两个按钮组成。接触器 KM 作引入电源用，接触器 KMY 和 KM△ 分别作星形降压启动用和三角形运行用，时间继电器 KT 用作控制星形降压启动时间和完成星形—三角形自动切换，SB1 是启动按钮，SB2 是停止按钮，FU1 作主电路的短路保护，FU2 作控制电路的短路保护，KH 作过载保护。

二、星形—三角形降压启动电气线路的工作原理

电气线路的工作原理如图 2.94 所示。

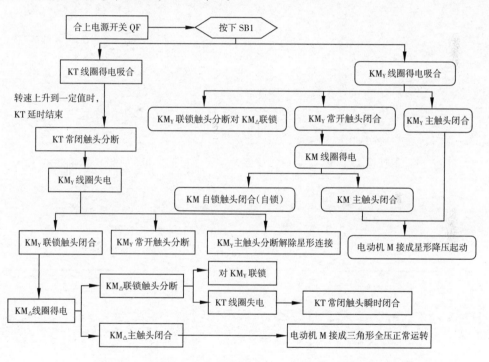

图 2.94 时间继电器自动控制星形—三角形降压启动线路工作流程图

停止时，按下 SB2 即可。

任务 7

电动机反接制动控制线路安装调试、故障处理

场景描述

　　三相异步电动机由于惯性的原因，从切除电源后到完全停止转动，需要一定的时间。这在一些场合是不允许的，例如起重机的吊钩准确定位、万能铣床要求立即停转等，所以这就要求电动机有制动环节。本任务是电动机反接制动控制线路安装调试、故障处理。学习本任务先由教师在实训板上示教，然后学生根据教师要求边听边练，最后由学生独立进行巩固训练操作，来完成电动机反接制动控制线路安装调试、故障处理的学习。

任务目标

　　技能点：① 会选择、安装及标识电动机反接制动控制线路的元器件。
　　　　　　② 能安装电动机反接制动控制线路。
　　　　　　③ 能调试电动机反接制动控制线路。
　　　　　　④ 能处理电动机反接制动控制线路故障。
　　知识点：电动机反接制动控制线路的构成、工作原理。

工作任务流程

　　本任务流程如图 2.95 所示。

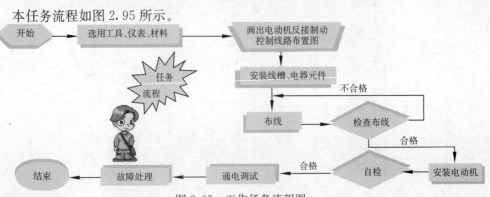

图 2.95　工作任务流程图

实践操作

一、工具、仪表、材料选用

1. 工具与仪表选用

工具与仪表的选用如表 2.17 所示。本表格由学生自行填写，教师指导、检查。

表 2.17　工具、仪表

工　具	
仪　表	

2. 材料选用

根据三相异步电动机反接制动控制线路电气原理图（图 2.96）和连线图（图 2.97）选用材料（表 2.18）。表 2.18 由学生自行填写，教师指导、检查。

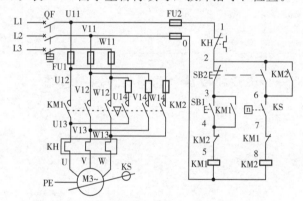

图 2.96　电动机反接制动控制线路电气原理图

图 2.97　电动机反接制动控制线路连线图

表 2.18 电动机反接制动控制元件材料明细表

元件、材料明细表

	代 号	名 称	型 号	规 格	数 量
	M	三相笼型异步电动机			
	QF	低压断路器			
	FU1	熔断器			
	FU2	熔断器			
	KH	热继电器			
器材	KS	速度继电器			
	KM1、KM2	交流接触器			
	SB1、SB2	按钮			
	XT	端子板			
	—	控制板一块 主电路塑铜线 控制电路塑铜线 按钮塑铜线 接地塑铜线 紧固体和编码套管			

二、画出三相异步电动机反接制动控制线路布置图

根据图 2.97 在实验板上画出控制线路布置图，注意位置整齐匀称，间距合理，便于元件更换。

三、安装线槽、电器元件

线槽、电器元件可参照图 2.98 进行安装。

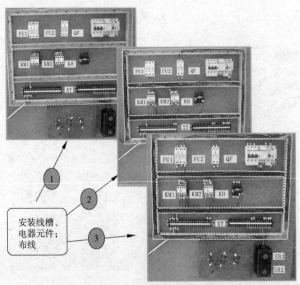

图 2.98 安装线槽、电器元件和布线

四、布线

布线时，要注意两接触器用于联锁的常闭触头不能接错。否则，会导致电路不正常工作甚至有短路的隐患，如图 2.98 所示。

五、检查布线

根据图 2.99 检查控制板布线的正确性。

自检项目：

① 外观检查有无漏接、错接，导线的接点接触是否良好；

② 校表；

③ 用万用表欧姆挡检查（图 2.100）。

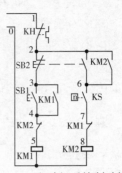

图 2.99　电动机反接制动控制线路控制电路部分

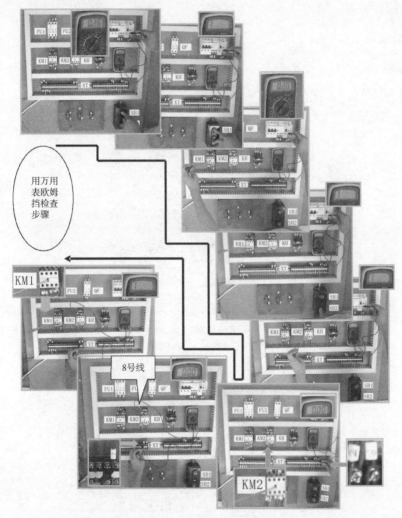

图 2.100　用万用表欧姆挡检查步骤

a. 将表笔分别搭在 0、1 线端上，按下 SB1 时读数应为接触器 KM1 线圈电阻值，按下 SB2 时读数应为"∞"。按下 KM1 触头时读数应为接触器 KM1 线圈电阻值，再按下 SB2 时读数应为"∞"或再按下 KM2 触头时读数应为"∞"；

b. 按下 KM2 触头测 2 号与 6 号线，再按下 KM1 触头测 0 号与 7 号线，即通过看表的读数变化判断控制电路。

六、安装电动机、速度继电器及连接电源

安装速度继电器前，要弄清楚其结构，确定常开触头的接线端。速度继电器可以预先安装好，不计入定额时间。速度继电器安装时，采用速度继电器的连接头通过连轴器与电动机转轴直接连接的方法，并使两轴中心线重合。

七、通电调试

1. 通电调试控制回路

合上控制回路 QF，按下 SB1，观察交流接触器 KM1 是否吸合。按下 SB2，交流接触器 KM1 断开，且 KM2 吸合一下便断开，实现反接制动，如图 2.101 所示。

（a）按下SB1，交流接触器KM1吸合

（b）按一下SB2后，KM1立即断开，而KM2吸合一下便断开

图 2.101　通电调试控制回路

2. 通电调试主回路

闭合主回路 QF，调试主电路时注意观察电动机的运转情况。

八、故障处理

1. 检修注意事项

① 要认真听取和仔细观察指导教师在示范过程中的讲解和检修操作。

② 在排除故障的过程中，分析思路和排除方法要正确。

③ 带电检修故障时，必须有教师在现场监护，并要确保用电安全。

④ 不能随意更改线路和带电触摸电器元件。

⑤ 检修必须在规定的时间内完成。

2. 故障检修步骤和方法

故障检修步骤和方法见图 2.102 和表 2.19。

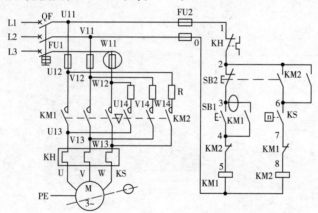

图 2.102　人为设置两处故障的线路图

表 2.19　故障检测步骤和方法

检修步骤	控制电路故障	主电路故障
a. 用试验法观察故障现象	合上 QF，按下 SB1 时，KM1 不能自锁	先合上 QF，按下 SB1 时，电动机 M 转速极低甚至不转，并发出"嗡嗡"声，此时，应立即切断电源
b. 用逻辑分析法判定故障范围	由故障现象得知故障应在 KM1 自锁线路上	根据故障现象分析线路判定故障范围可能在电源电路和主电路上
c. 用测量法确定故障点	用电阻测量法找得故障点为 KM1 上 3 号线松脱	根据故障现象断开 QF，用电阻测量法找得故障点为主回路 FU1 熔体熔断
d. 根据故障点的情况，采取正确的检修方法排除故障	重接 3 号线	更换熔体
e. 检修完毕通电试车	切断电源重新连好故障点，在教师同意并进行监护下，合上 QF，按下 SB1，观察和检测线路和电动机的运行情况，检验合格后电动机正常运行	

① 检查控制回路故障，如图 2.103 所示。

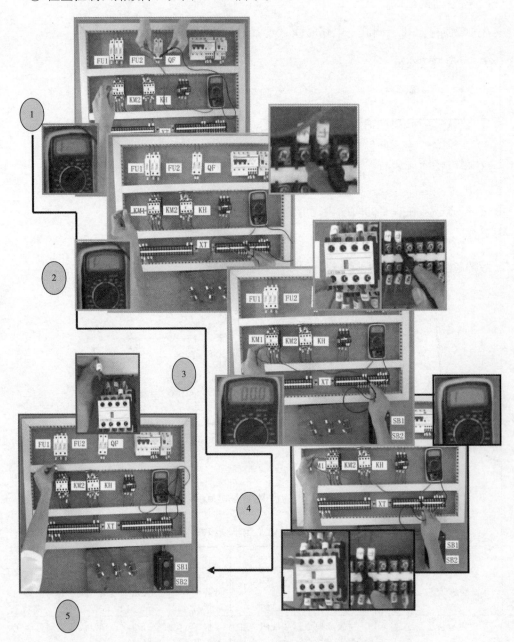

图 2.103　人为设置 3 号线松脱故障检查步骤

② 检查主电路部分故障，如图 2.104 所示。

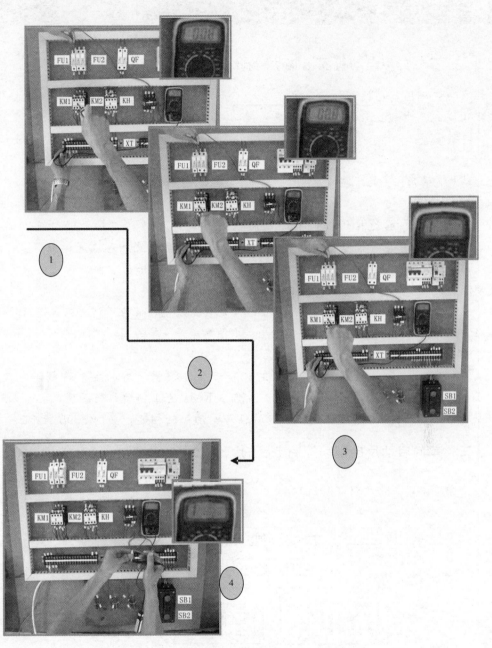

图 2.104　人为设置主回路 FU1 故障检查步骤

相关知识

一、三相异步电动机反接制动控制线路的基础知识

电动机反接制动控制线路，是利用改变电动机任意两相定子绕组电源的相序，使定子绕组产生相反方向的旋转磁场，因而产生制动转矩的一种制动方法。

注意事项：

① 电路特征：电源反接制动时，定子绕组中流过的反接制动电流相当于全压启动时启动电流的两倍，为了减小冲击电流，通常在笼型异步电动机定子电路中串入反接制动电阻。

② 当电动机转速接近零时，要及时切断反相序电源，以防电动机反向再启动，通常用速度继电器来检测电动机转速并控制电动机反相序电源的断开。

特征： 反接制动转矩大，制动迅速，冲击大，易损坏传动零件，制动准确性差，制动能量消耗大，不宜经常制动。

应用： 通常适用于10kW及以下的小容量电动机及制动要求迅速、系统惯性较大、不经常启动与制动的场合，如铣床、镗床、中型车床等主轴的制动控制。

例： 单向启动反接制动控制线路。

单向启动反接制动控制线路的主电路和正反转控制线路的主电路相同，只是在反接制动时增加了三个限流电阻R。线路中KM1为正转运行接触器，KM2为反接制动接触器，KS为速度继电器，其转轴与电动机轴相连，如图2.95所示。

二、单向启动反接制动控制电路的工作原理

1. 单向启动工作原理（图2.105）

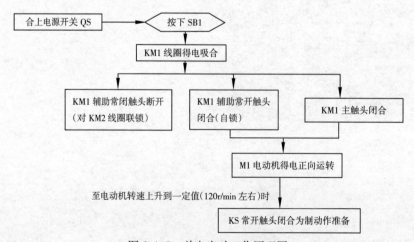

图2.105 单向启动工作原理图

2. 反接制动工作原理（图 2.106）

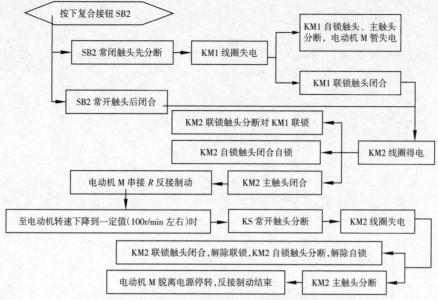

图 2.106　单向启动反接制动控制电路的工作原理流程图

巩固训练

一、连续与点动混合正转控制线路安装调试

连续与点动混合正转控制线路电气原理图见图 2.107。

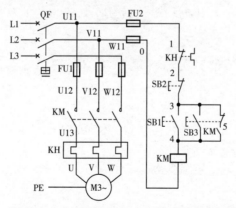

图 2.107　三相异步电动机连续与点动混合正转控制线路电气原理图

1. 技能训练要求

① 识读三相异步电机连续与点动混合正转控制电路原理图。

② 选用电工工具、电工仪表；安装电气元件。

③ 安装、检测、运行控制线路。

2. 安装实训

（1）识读电气控制线路

连续与点动混合正转控制电路如图 2.107 所示。试分析本实训控制电路是如何实现电动机的连续与点动混合正转控制的。

（2）安装准备

在上次安装好的正转控制线路板上，拆下连接电线备用。

（3）线路安装

线路敷设：确定连接负载的接端子位置，并合理布置和敷设线路，敷设时注意导线的颜色及规格，按先控制电路、后主电路顺序进行敷设。接触器的主触头，辅助常开、常闭触头要分清，注意停止按钮要串联在电路中，KH 的热元件串联在主电路中，它的常闭触头应该串接在控制电路中。

（4）自检

检查线路的正确性及安装质量，在断电情况下首先用万用表欧姆挡"R×100"，检查线路是否有短路。

（5）设备连接

安装电动机及连接保护接地线；用电缆线将电动机与控制板连接，注意电动机的正确接法。

（6）通电调试

经指导教师检查无安全隐患后连接好三相电源，再用手拨一下电动机转子，观察转子是否有堵转现象等。在指导老师的监护下，合上电源开关 QF，试车时，可采取先点动、后启动的方式，按下 SB3 电动机旋转起来，放开 SB3 电动机自由停止；然后，按下启动按钮 SB1，让电动机旋转起来，再按停止按钮 SB2，让电动机自由停止。

二、单向运转加限位开关、护罩开关控制线路安装调试

1. 技能训练要求

① 会识读单向运转加限位开关、护罩开关控制线路电路原理图。
② 会安装限位开关、接触器等元件。
③ 会安装、检测、运行控制线路。

2. 安装实训

（1）识读电气控制线路

三相异步电动机单向运转加限位开关、护罩开关控制线路如图 2.108 所示。试分析本控制电路是如何实现电动机的单向运转加限位开关、护罩开关控制的。

（2）安装准备

按电气原理图配齐所需规格器材，并按要求检验，接触器线圈的工作电压与控制

电压要一致。画出元件布置图并按布置图牢固安装控制器件。

（3）线路安装

合理布置和敷设线路，按照先控制电路、后主电路顺序进行敷设。注意用万用表欧姆挡测出限位开关的常闭触头、护罩开关的常开触头避免接错线。分清交流接触器的主触头、辅助常开触头。注意停止按钮要串联在电路中，KH 的热元件串联在主电路中，它的常闭触头应该串接在控制电路中。

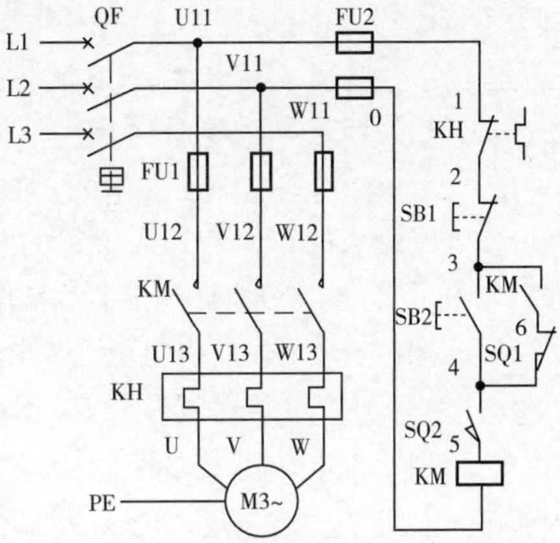

图 2.108　三相异步电动机单向运转加限位开关、护罩开关控制线路电气原理图

（4）自检

检查线路的正确性及安装质量，注意不要漏查 SQ1、SQ2。

（5）设备连接

安装电动机及连接保护接地线；用电缆线将电动机与控制板连接，注意电动机的正确接法。

（6）通电调试

经教师检查无安全隐患后连接好三相电源后，再用手拨一下电动机转子，观察转子是否有堵转现象等，在指导老师的监护下，合上电源开关 QF，关上柜门（即合上 SQ2），按下 SB2 电动机旋转起来，再按停止按钮 SB1，让电动机自由停止。

思考与练习

思考：

1. 在电动机接触器自锁正转控制电路中试分析主电路的组成，并结合热继电器的发热元件与常闭触头的连接方式说明如何实施过载保护？

2. 正反转控制线路中接触器 KM1 和 KM2 的主触头同时闭合，会造成什么后果？应采取什么措施避免？

3. 在两台三相异步电动机顺序启动/逆序停止控制线路中如何实现紧急停车控制？

练习：

1. 从点动控制电路到连续控制电路，主要在控制电路中增加了_____（自锁触头/互锁触头）。

2. 为了防止电路过载，在电路中常常增加_____（热继电器/互锁/连锁）。

3. 一台三相异步电动机在空载运行时，响声沉重，转动乏力，停机后无法启动，这种故障是_____（转子轴承碎裂/缺一相电源/定子绕组接错/绕组两相间短路）引起的。

4. 长动控制电路中采用_____（熔断器/热继电器/自锁触头）进行短

路保护，采用＿＿＿＿＿＿＿＿＿（熔断器/热继电器/自锁触头）进行过载保护，采用＿＿＿＿＿＿＿＿＿（熔断器/热继电器/自锁触头）进行失压保护。

5. 三相异步电动机本身而言，＿＿＿＿＿＿＿＿（有/无）相序。电动机主要通过改变电源的＿＿＿＿＿＿＿＿（相序/大小）对电动机进行正反转的控制。

6. 旋转磁场的转向与通入绕组的三相电流的相序＿＿＿＿＿＿＿＿（有关/无关）。

7. 为了安全，在辅助电路中常常增加＿＿＿＿＿＿＿（互锁/连锁/互锁与连锁）。

8. 三相异步电动机正反转控制线路中，性能最佳的联锁控制线路是＿＿＿＿＿＿＿＿＿（接触器联锁/按钮联锁/接触和按钮双重联锁/机械联锁）。

9. 三相异步电动机顺序控制线路中，为保证电动机动作时间的先后次序准确，最好采用＿＿＿＿＿＿＿＿＿＿（主电路为顺序控制/控制电路为手动控制/控制电路为时间继电器控制/机械控制）线路。

10. 星形—三角形降压启动是为了＿＿＿＿＿＿＿（减小/增大）启动＿＿＿＿＿＿（电压/电流）。

11. 只有正常运行时，采用＿＿＿＿＿＿＿＿＿（三角形/星形/延边三角形）接法的三相异步电动机启动时才能采用星形—三角形降压启动。

12. 在选择电动机的制动方式时，若单从节能的观点出发最好选择＿＿＿＿＿＿＿＿＿（机械抱闸制动/反接制动/能耗制动/再生发电回馈制动）。

13. 电气图一般由＿＿＿＿＿＿＿＿＿＿＿＿（电器、电源、负载/电器、技术说明书、标题栏/接触器、开关、电动机）三大部分组成。

14. 分析电气控制线路的工作原理，一般按＿＿＿＿＿＿＿＿＿＿＿＿＿＿＿＿（从上而下/从下而上/从右至左/从左至右/从中间到外侧）的顺序分析。

学习检测

实训考核标准见表2.20和表2.21。

表2.20　《三相异步电动机基本控制线路的安装、调试》技能自我评分

项　目	技术要求	配　分	评分细则	评分记录
备料	正确按照电气线路图要求选择元器件，了解元器件功能及作用、使用注意事项	5	每选错1项扣0.5分 不了解功能作用每项扣0.5分	
布局安装	元器件布局合理 安装牢固 元器件无损坏	10	布局不合理扣2分 安装不牢固每项扣2分 损坏元器件每只扣5分	
线路敷设	接线正确（含电动机接法） 布线合理 导线接点工艺符合要求 导线绝缘或线芯无损 号码管标识正确	40	接线有错误每处扣2分 布线不合理扣4分 导线接点工艺不合要求·（松动、露铜过长、反圈等）每处扣1分 导线绝缘或线芯有破损每处扣3分 号码管错标或漏标每处扣0.5分	

项　目	技术要求	配　分	评分细则	评分记录
通电试车	热继电器根据负载设定整定电流 按通电试车流程操作	35	热继电器未根据负载设定整定电流或设定不正确扣 10 分 不按通电试车流程每项扣 5 分 第一次试车不成功且不能迅速判定故障扣 10 分 第二次试车不成功且不能迅速判定故障每次扣 20 分 发生短路全扣	
安全规范	安全文明生产 正确安装接地线	10	每违反一项全扣	
实训起止时间	开始时间 ｜ 结束时间		本次成绩	
学生 签字		教师 签字		

表 2.21　《基本控制线路的安装、调试、故障处理》技能自我评分

项　目	技术要求	配　分	评分细则	评分记录
备料	正确选择元器件 了解元器件功能及作用、使用注意事项	5	每选错 1 项扣 0.5 分 不了解功能作用每项扣 0.5 分	
布局安装	元器件布局合理 安装牢固 元器件无损坏	5	布局不合理扣 2 分 安装不牢固每项扣 2 分 损坏元器件每只扣 5 分	
线路敷设	接线正确（含电动机接法） 布线合理 导线接点工艺符合要求 导线绝缘或线芯无损 号码管标识正确	35	接线有错误每处扣 2 分 布线不合理扣 4 分 导线接点工艺不合要求（松动、露铜过长、反圈等）每处扣 1 分 导线绝缘或线芯有破损每处扣 3 分 号码管错标或漏标每处扣 0.5 分	
通电试车	热继电器根据负载设定整定电流 按通电试车流程操作	20	热继电器未根据负载设定整定电流或设定不正确扣 10 分 不按通电试车流程每项扣 5 分 第一次试车不成功且不能迅速判定故障扣 10 分 第二次试车不成功且不能迅速判定故障每次扣 20 分 发生短路全扣	
故障分析 故障排查	故障分析与排除方法；正确使用仪表工具查找故障；使用正确方法排除故障点	30	仪表工具使用不当每次扣 2 分 排查程序不对每次扣 2 分 错标或标不出故障范围，每个故障点每次扣 2 分 故障点找到但无法排除每次扣 2 分 排查中产生新故障，不能自行修复每次扣 10 分，能自行修复每次扣 5 分 损坏元器件每次扣 5 分 电动机损坏每次扣 10 分	

续表

项　目	技术要求	配　分	评分细则	评分记录
安全规范	安全文明生产；正确安装接地线	5	每违反一项全扣	
实训起止时间	开始时间	结束时间	本次成绩	
学生签字		教师签字		

知识拓展与链接

电气图的分类与作用

用电气图形符号绘制的图称为电气图，它是电工技术领域中提供信息的主要方式。电气图的种类很多，其作用也各不相同，各种图的命名主要是根据其所表达信息的类型和表达方式而确定的。

一、电气原理图

电气原理图是说明电气设备工作原理的线路图。在电气原理图中，并不考虑电气元件的实际安装位置和实际连线情况，只是把各元件按接线顺序用符号展开在平面图上，用直线将各元件连接起来。电气原理图一般分为电源电路、主电路和辅助电路三部分，如图 2.109所示。

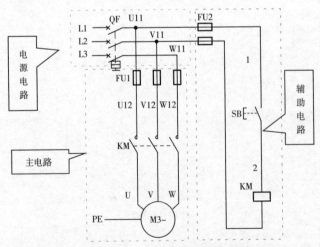

图 2.109　点动控制电气原理图

我们在阅读和绘制电气原理图时应注意以下几点。

① 电源电路画成水平线，三相交流电源 L1、L2、L3 自上而下依次画出，电源开

关水平画出。

② 主电路指受电的动力装置及控制、保护电器的支路等，它由主熔断器、接触器的主触头、热继电器的热元件及电动机等组成，一般主电路在左侧。

③ 辅助电路一般包括控制主电路工作状态的控制电路，显示主电路工作状态的指示电路，提供机床设备局部照明的照明电路等。它主要由主令电器的触头、接触器线圈及辅助触头、继电器线圈及触头、指示灯及照明灯等组成。控制电路在右侧。

④ 电气原理图应按功能来组合，同一功能的电气相关元件应画在一起，不应受电器结构的约束。电路应按动作顺序和信号流程自上而下或自左向右排列。

⑤ 各元器件的电气符号和文字符号必须按标准绘制和标注，同一电器的所有元件必须用同一文字符号标注。

⑥ 各电器应该是未通电或未动作的状态，二进制逻辑元件应是置零的状态，机械开关应是循环开始的状态，即按电路"常态"画出。

⑦ 画电路图时，尽量避免有交叉线条，有直接电连接的在交叉处标上小黑点。

二、布置图

布置图是根据电器元件在控制板上的实际安装位置，采用简化的外形符号（如正方形、矩形、圆形等）绘制的一种简图。它不表达各电器的具体结构、作用、接线情况以及工作原理，主要用于电器元件的布置和安装。图 2.110 就是连续正转控制线路的布置图。

① 按电气原理图要求，应将动力、控制和信号电路分开布置，并各自安装在相应的位置，以便于操作、维护。

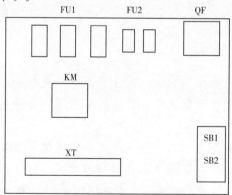

图 2.110　连续正转控制线路的布置图

② 电气控制柜中各元件之间、上下左右之间的连线应保持一定间距，并且应考虑器件的发热和散热因素，以及便于布线、接线和检修。

③ 图中的文字代号应与电气原理图、电气互连图和电气设备清单一致。

三、接线图

接线图是根据电气设备和电器元件的实际位置和安装情况绘制的，它只用来表示电气设备和电器元件的位置、配线方式和接线方式，而不明显表示电气动作原理和电气元器件之间的控制关系。它是电气施工的主要图样，主要用于安装接线、线路的检查和故障处理。图 2.111 是连续正转控制线路的接线图。

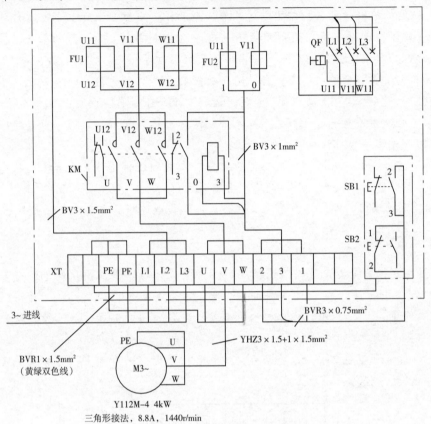

图 2.111　连续正转控制线路的接线图

接线图中一般应示出如下内容：电气设备和电器元件的相对位置、文字符号、端子号、导线号、导线类型、导线截面积、屏蔽和导线绞合绘制、识读接线图应遵循以下原则：

所有的电气设备和电器元件都应按其所在的实际位置绘制在图纸上，且同一电器的各元件应根据其实际结构，使用与电路图相同的图形符号画在一起，并用点画线框上，其文字符号以及接线端子的编号应与电路图中的标注相一致，以便对照检查接线。

接线图中的导线有单根导线、导线组（或线扎）、电缆等之分，可用连续线或中断线表示。凡导线走向相同的可以合并，用线束来表示，到达接线端子板或电器元件的连接点时再分别画出。用线束表示导线组、电缆时，可用加粗的线条表示，在不引起误解的情况下，也可采用部分加粗。另外，导线及管子的型号、根数和规格应标注清楚。

在实际工作中，电路图、布置图和接线图应结合起来使用。

四、知识链接

请查阅《人机界面标志标识的基本和安全规则　设备端子和导体终端的标识通则》（GB/T 4026—2010）及《电气技术用文件的编制　第 1 部分：规则》（GB/T 6988.1—2016）的内容。

项目3

按钮和时间继电器控制双速异步电动机变速控制线路安装、调试、故障处理

教学目标

通过本项目的培训，你将学会运用电工工具对按钮和时间继电器控制双速异步电动机变速控制线路的安装及调试、维修。学会识读、绘制按钮和时间继电器控制双速异步电动机变速控制电气图，并进一步了解其工作原理。

安全规范

① 电气线路在未经验电笔确定无电前，一律视为"有电"，不可用手触摸，不可绝对相信绝缘体，应认为是有电操作的。

② 工作前应详细检查自己所用的工具是否安全可靠，穿戴好必需的防护用品，以防工作时发生意外。

③ 送电前必须认真检查，看是否合乎要求并和有关人员联系好，方能送电。

④ 低压设备上必须进行带电工作时，要经过实操老师批准，并要有专人监护。

⑤ 要处理好工作中所有已拆除的电线，包好带电线头，以防止触电。

⑥ 工作完毕后，必须拆除临时地线，所有材料、工具、仪表等随之归类放置，原有防护装置应随即安装好。

技能要求

① 识读按钮和时间继电器控制双速异步电动机变速控制线路的原理图。

② 正确使用常用电工工具，电工仪表。

③ 识别、使用按钮和时间继电器控制双速异步电动机变速控制线路元器件、导线。

④ 安装按钮和时间继电器控制双速异步电动机变速控制线路。

⑤ 分析、排除按钮和时间继电器控制双速异步电动机变速控制线路的常见故障。

按钮和时间继电器控制双速异步电动机变速控制线路安装、调试及故障处理

场景描述

　　双速异步电动机广泛应用于普通车床、钻床、铣床和小镗床的主拖动系统中。如图 3.1 所示，C6246A 型车床中主拖动系统采用的是双速异步电动机作为主轴电动机。在日常教学中，学生在生产实习指导教师的指导下，通过在实训板上进行控制线路原理图的安装接线、通电调试和常见故障的分析、排除来掌握双速异步电动机的控制原理。

双速电动机

图 3.1　双速异步电动机在 C6246A 型车床中的应用

任务目标

　　技能点：① 会选择、安装及标识按钮和时间继电器控制双速异步电动机变速控制线路的元器件。

　　　　　② 能安装按钮和时间继电器控制双速异步电动机变速控制电气控制线路。

　　　　　③ 能调试按钮和时间继电器控制双速异步电动机变速控制电气控制线路。

　　　　　④ 能处理按钮和时间继电器控制双速异步电动机变速控制线路故障。

　　知识点：① 按钮和时间继电器控制双速异步电动机变速控制线路的工作原理。

　　　　　② 双速异步电动机定子绕组的连接方法。

工作任务流程

本任务流程如图3.2所示。

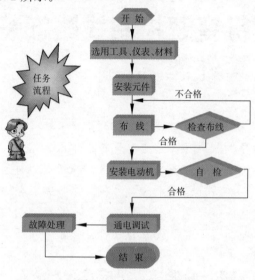

图 3.2　任务流程图

实践操作

1. 工具与仪表选用

工具与仪表的选用见表3.1。

表 3.1　工具、仪表

工　具	测电笔、螺钉旋具、尖嘴钳、斜口钳、剥线钳、电工刀等电工常用工具
仪　表	兆欧表（500V、0～500MΩ）、钳形电流表、万用表

2. 元件与材料选用

根据按钮和时间继电器控制双速异步电动机变速控制线路原理图（图3.3）和连线图（图3.4）选用元件及材料（表3.2）。

表 3.2　按钮和时间继电器控制双速异步电动机变速控制线路元件、材料明细表

元件、材料明细表				
名　称	代　号	型　号	规　格	数　量
双速异步电动机	M	YD112M-4/2	3.3KW/4KM、380V、7.4A/8.6A、三角形/双星形（△/YY）、1440r/min 或 2880r/min	1
漏电断路器	QF	DZ47LEII-50/3N	三极、400V、16A	1

元件、材料明细表

名　称	代　号	型　号	规　格	数　量
熔断器	FU1	RT18-32/15	500V、30A、配熔体 15A	3
熔断器	FU2	RT18-32/2	500V、32A、配熔体 2A	2
交流接触器	KM1、KM2、KM3	CJX2-0910	10A、线圈电压 380V	3
热继电器	KH（FR）	JRS1-09314	三极、20A、整定电流 8.6A	2
空气式时间继电器	KT	JS7-2A	线圈电压 380V	1
按钮	SB1、SB2	LA4	308V、5A、按钮数 3	1
端子排	XT	TD2020	380V、10A、15 节	2
训练板	—	—	100×80	1
导线	—	BVR2.5（红色）	耐压 500V	1 捆
导线	—	BVR1.5（绿色）	耐压 500V	2 捆
走线槽	—	—	φ25×40	10m
编码套管	—	—	φ4	1 捆
各种螺丝钉	—	—	—	若干

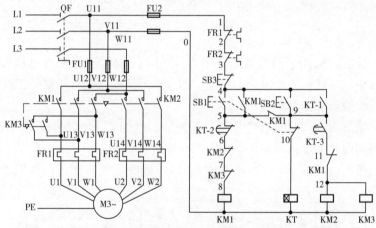

图 3.3　按钮和时间继电器控制双速异步电动机变速控制线路原理图

图 3.4　按钮和时间继电器控制双速异步电动机变速控制线路连线图

3. 安装训练

（1）安装电器元件

根据表 3.2 配齐电器元件，并检验电器元件质量；在控制板上按图 3.3 安装电器元件。电器元件安装要求牢固可靠，并符合安装工艺要求，具体安装工艺要求参照项目二任务 1 的工艺要求进行。

（2）安装接线

在控制板上根据图 3.3 控制线路原理图进行布线，并在线端套上编码套管。安装接线工艺应符合安装接线工艺要求及相关规程规定，具体的工艺要求和相关规程请参照项目二任务 1 的具体要求。

（3）安装接线注意事项

① 接线时，注意主电路中接触器 KM1、KM2 在两种转速下电源相序的改变，不能接错；否则，两种转速下电动机的转向相反，换向时将产生很大的冲击电流。

② 控制双速电动机三角形接法的接触器 KM1 和双星形接法的 KM2 的主触头不能调换接线，否则不但无法实现双速控制要求，而且会在双星形接法运转时造成电源短路事故。

③ 热继电器 FR1、FR2 的整定电流不能设错，其在主电路中的接线不能接错。

4. 自检

用电阻测量法，配合手动方式操作电器元件，模拟电器元件得电动作进行检查。在检查的过程中，注意元件电阻值的变化，通过电阻值的变化分析判断接线的正确性。

控制回路的检查具体步骤如下。

第一步：把万用表的两支表笔放于控制回路的熔断器上，万用表显示的电阻值为无穷大说明控制回路无短路或短接，如图 3.5 所示。

第二步：按下启动按钮 SB1，接通的是 KM1 线圈，此时测得的电阻值为 KM1 线圈的直流电阻值，如图 3.6 所示。

图 3.5　控制回路检查第一步

图 3.6　控制回路检查第二步

第三步：在第二步的基础上，按下停止按钮 SB3，断开 KM1 线圈，此时其电阻值为无穷大，如图 3.7 所示。

第四步：按下启动按钮 SB2，此时，接通的是 KT 和 KM1 线圈，测得的电阻值是 KT、KM1 线圈并联后的直流电阻阻值，如图 3.8 所示。

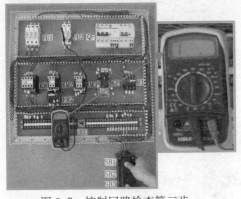

图 3.7　控制回路检查第三步

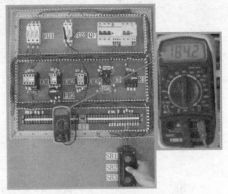

图 3.8　控制回路检查第四步

第五步：在第四步的基础上，按下停止按钮 SB3，断开 KM1 和 KT 线圈，此时其电阻值为无穷大，如图 3.9 所示。

第六步：按下启动按钮 SB2，动作 KT，此时首先接通的是 KT 和 KM1，经 KT 整定时间后 KM1 断开，同时 KM2 和 KM3 线圈接通，此时测得电阻值为 KT、KM2 和 KM3 线圈并联后的直流电阻值，如图 3.10 所示。

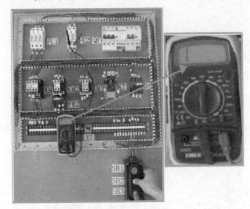

图 3.9　控制回路检查第五步

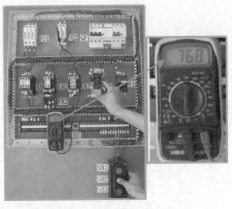

图 3.10　控制回路检查第六步

第七步：在第六步的基础上，动作 KM1，KM1 的常闭触头断开，断开 KM2、KM3 线圈。此时，测得的直流电阻值变大，即为 KT 线圈的直流电阻值，如图 3.11 所示。

第八步：在第六步的基础上，按下停止按钮 SB3，此时断开 KT、KM2 和 KM3 线圈，测得电阻值为无穷大，如图 3.12 所示。

第九步：动作 KM1，此时接通的是 KM1 线圈，测得的电阻值为 KM1 线圈的直流电阻值，如图 3.13 所示。

图 3.11　控制回路检查第七步

图 3.12　控制回路检查第八步

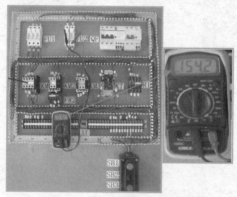

图 3.13　控制回路检查第九步

第十步：动作 KT，此时首先接通的是 KT 和 KM1 线圈，如图 3.14（a）所示；经时间继电器的设定延时时间后，KM1 线圈失电，同时 KT 延时闭合触头接通 KM2 和 KM3 线圈，此时测得的电阻值为 KT、KM2 和 KM3 线圈并联后的直流电阻值，如图 3.14（b）所示。

（a）接通 KT 和 KM1 线圈　　　　　　（b）KM1 线圈失电，KM2 和 KM3 线圈接通

图 3.14　控制回路检查第十步

5. 通电调试

（1）控制回路通电调试

连接控制系统的电源，经生产实习指导教师检查合格后，在教师的指导下通电调试

控制回路。调试时注意观察各接触器和时间继电器的动作情况。按下 SB1，接触器 KM1 线圈得电控制电动机低速运转，接触器的动作情况如图 3.15 所示；按下 SB2，时间继电器 KT 线圈得电，经过整定的时间后，接触器 KM1 线圈失电，接触器 KM2 和 KM3 线圈得电，如图 3.16 所示。上述整个过程完成的就是低速与高速两种速度的变换控制。

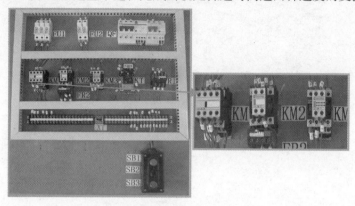

图 3.15　双速异步电动机低速运转接触器动作示意图

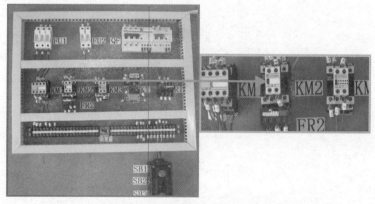

图 3.16　双速异步电动机高速运转接触器动作示意图

（2）主回路调试

通过观察电动机的低速（图 3.17）运行与高速（图 3.18）运行，以确定主回路的接线的正确性。安装电动机的电源线及连接保护接地线；注意电动机的正确接法，可靠连接电动机及各电器元件金属外壳的保护接地线。接线必须接在它们指定的专用接地螺丝钉上。安装电动机之前必须用兆欧表摇测电动机的绝缘电阻。

图 3.17　双速异步电动机低速运行示意图

图 3.18　双速异步电动机高速运行示意图

6. 故障排除

① 故障一：合上电源开关，按低速启动按钮 SB1、高速启动按钮 SB2，线路都无法启动。

故障分析及排除流程如图 3.19 所示。

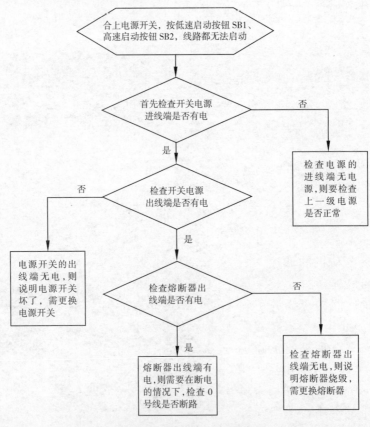

图 3.19　故障一流程图

② 故障二：电动机无法从低速自动变换成高速。

故障分析及排除流程如图 3.20 所示。

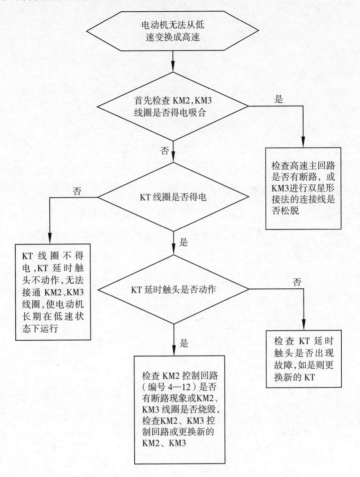

图 3.20　故障二流程图

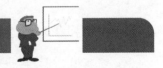

相关知识

一、按钮和时间继电器控制双速异步电动机变速控制线路基础知识

双速异步电动机定子绕组的连接方法：

双速异步电动机低、高速的变换，是通过改变定子绕组的接法来实现的，如图 3.21所示，图中三相定子绕组接成三角形，由三个连接点接出三个出线端 U1、V1、W1，从每相绕组的中点各接出一个出线端 U2、V2、W2，这样定子绕组共有 6 个出线端。通过改变这 6 个出线端与电源的连接方式，就可以得到两种不同的转速。

① 电动机在低速工作时，将电动机定子绕组，接成三角形接法，即把三相电源分

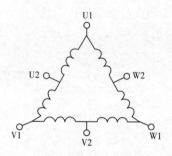

图 3.21 双速异步电动机 6 个接线端的引线方式

别接至定子绕组作三角形连接顶点的出线端 U1、V1、W1 上，另外三个出线端 U2、V2、W2 空着不接，如图 3.22（a）所示，此时电动机定子绕组的磁极为 4 极，同步转速为1500 r/min，电动机处于低速运行。

② 电动机高速工作时，将电动机定子绕组，接成双星形接法，即把三个出线端 U1、V1、W1 并接在一起，另外三个出线端 U2、V2、W2 分别接到三相电源上，如图 3.22（b）所示，这时电动机定子绕组的磁极为 2 极，同步转速为 3000 r/min，电动机处于高速运行。对于采用三角形/双星形接法的双速异步电动机，它高速运转时的转速是低速运转转速的两倍。

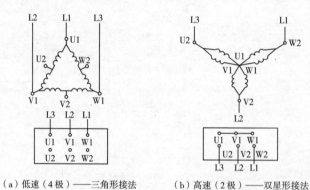

（a）低速（4 极）——三角形接法   （b）高速（2 极）——双星形接法

图 3.22 双速异步电动机三相定子绕组珠三角形/双星形接线图

二、按钮和时间继电器控制双速异步电动机变速控制线路的工作原理

① 根据图 3.3，按钮和时间继电器控制双速异步电机变速控制线路的工作原理如图 3.23 所示。

② 停止：按下 SB3 即可。

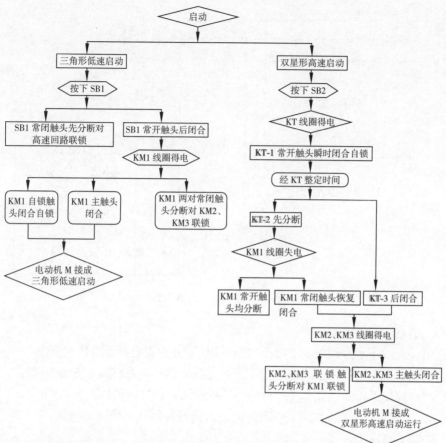

图 3.23 按钮和时间继电器控制双速异步电机变速控制线路工作原理流程图

巩固训练

1. 技能训练要求

① 会使用常用电工工具，电工仪表；会识别、选择、使用元器件、导线。

② 规范地进行控制线路安装、接线；能正确处理各种电气设备安全事故。

2. 实训内容与步骤

（1）实训电路

双速异步电动机自动变速控制线路工作原理的流程图如图 3.24 所示。

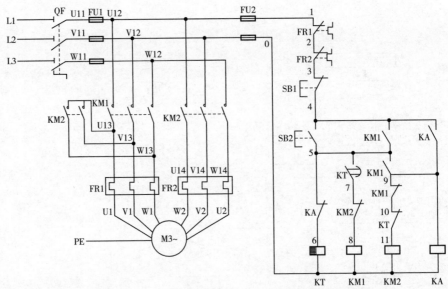

图 3.24　双速异步电动机自动变速控制线路原理图

（2）实训操作及要求

① 根据控制线路原理图 3.24 配齐电器元件，并检查电器元件质量。

② 在控制板上根据控制线路原理图进行线槽布线，并在线端套上编码套管。

③ 根据控制线路原理图 3.24，对主回路和控制回路进行自检。

④ 在实习指导老师的指导下，不带电动机进行控制线路的通电调试。

⑤ 安装电动机。

⑥ 在实习指导老师的监督下，通电试车。

■ 思考与练习

1. 写出双速异步电动机自动变速控制线路的工作原理。

2. 试分析通电延时时间继电器和断电延时时间继电器的动作有何异同？

3. 试分析按钮和时间继电器控制双速电动机变速控制线路与双速异步电动机自动变速控制线路有何异同？

■ 学习检测

实训考核标准见表 3.3。

表 3.3　《按钮和时间继电器控制双速异步电动机变速控制线路安装调试及故障处理》
技能自我评分表

项　目	技术要求	配　分	评分细则	评分记录
备料	按项目要求备料，不清楚元器件功能及作用、使用注意事项	5	每 1 项扣 1 分	
	元器件漏检、错检		每 1 项扣 1 分	
布局安装	元器件布局不合理 安装不牢固 不整齐，不匀称 元器件有损坏	20	扣 15 分 每只扣 4 分 每只扣 3 分 每只扣 15 分	
线路敷设	接线有错误（含电动机接法） 布线不合理 导线接点处理不合要求（松动、露铜过长、反圈等） 导线绝缘或线芯有破损 号码管错标或漏标	40	每处扣 4 分 每处扣 3 分 每处扣 1 分 每处扣 5 分 每处扣 1 分	
通电试车	热继电器未根据负载设定整定电流或设定不正确 第一次试车不成功且不能迅速判定故障 第二次试车不成功且不能迅速判定故障	30	每次扣 5 分 每次扣 20 分 每次扣 30 分	
安全规范	接地线的安装不规范 漏装安全接地线 错装安全接地线	5	每次扣 2 分 每次扣 4 分 每次扣 4 分	
定额时间			超时酌情扣分	
实训起止时间	开始时间：	结束时间：	本次成绩：	

知识拓展与链接

一、知识拓展

1. 三相异步电动机调速的方式

根据三相异步电动机的转速的计算公式：$n=(1-s)60f/p$ 可知，改变三相异步电动机转速可通过三种方式来实现：①改变电源频率 f；②改变转差率 s；③改变磁极对数 p。本项目所介绍的是改变磁极对数 p 来实现电动机调速的基本控制线路。

2. 变极的原理

改变三相异步电动机的磁极对数的调速方式称为变极调速。变极调速是通过改变定子绕组的连接方式来实现的，它是有级调速，且只适用于笼型异步电动机。凡磁极对数可改变的电动机称为多速电动机，常见的多速电动机有双速、三速、四速等几种类型。下面介绍双速异步电动机的变极原理。

单绕组双速电动机的变极方法有反向法、换相法、变跨距法等。其中以反向法应用最为普遍。下面用 2/4 极双速电动机来说明反向变极的原理。我们假设定子上每相有两组线圈，每组线圈用一个集中绕组线圈来代表。如果把定子绕组 U 相的两组线圈 1U1-1U2 和 2U1-2U2 反向并联，如图 3.25 所示（图中只画 U 相的两组），则气隙中将形成两极磁场；若把两组线圈正向串联，使其中一组线圈的电流反向，则气隙中将形成四极磁场，如图 3.26 所示。

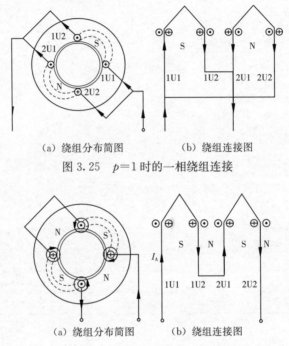

（a）绕组分布简图　　　　（b）绕组连接图

图 3.25　$p=1$ 时的一相绕组连接

（a）绕组分布简图　　　（b）绕组连接图

图 3.26　$p=2$ 时的一相绕组连接

由此可见，欲使极对数改变一倍，只要改变定子绕组的接线，使其中一半绕组中的电流反向即可实现。

二、知识链接

请查阅电动机绕组布线接线手册、电动机及电力拖动控制相关资料。

绕线式异步电动机控制系统安装、调试、故障处理

教学目标

通过本项目的培训，应学会运用电工工具对绕线式异步电动机转子绕组串频敏变阻器自动启动控制电路的安装及调试、维修。学会识读、绘制绕线式异步电动机转子绕组串频敏变阻器自动启动电气控制图，并进一步了解其工作原理。

安全规范

① 电气线路在未经验电笔确定无电前，一律视为"有电"，不可用手触摸，不可绝对相信绝缘体，应认为是有电操作的。

② 工作前应详细检查自己所用的工具是否安全可靠，穿戴好必需的防护用品，以防工作时发生意外。

③ 送电前必须认真检查，看是否合乎要求并和有关人员联系好，方能送电。

④ 低压设备上必须进行带电工作时，要经过实操老师批准，并要有专人监护。

⑤ 要处理好工作中所有已拆除的电线，包好带电线头，以防止触电。

⑥ 工作完毕后，必须拆除临时地线，所有材料、工具、仪表等随之归类放置，原有防护装置应随即安装好。

技能要求

① 识读绕线式异步电动机转子绕组串频敏变阻器控制线路的原理图。

② 正确使用常用电工工具，电工仪表。

③ 正确安装绕线式异步电动机转子绕组和频敏变阻器的接线。

④ 安装绕线式异步电动机转子绕组串频敏变阻器控制线路。

⑤ 分析、排除绕线式异步电动机转子绕组串频敏变阻器控制线路的常见故障。

任务

绕线式异步电动机转子绕组串频敏变阻器自动启动控制线路安装、调试、故障排除

场景描述

　　绕线式异步电动机转子串频敏变阻器自动启动控制线路应用在重载启动和频繁启动的起重机、提升机和天车等生产机械上，这些生产机械的电动机通常都是采用中、大容量的绕线式异步电动机。如图4.1所示，绕线式异步电动机应用于双梁起重机上。由于在绕线式电动机的转子电路中串入适当的电阻，在频繁启动的情况下，可使大部分热量产生在电动机外面的附加电阻上，电动机本身不会过热。绕线式异步电动机转子串频敏变阻器自动启动控制线路能改善启动和制动的性能。

绕线式异步电动机

图 4.1　绕线式异步电动机天车上的应用

　　本项目通过一台 2.2kW 的绕线式异步电动机串频敏变阻器自动启动控制线路的安装调试和故障处理，让学生掌握绕线式异步电动机的控制原理和使用。

任务目标

　　技能点：① 会选择、安装及标识绕线式异步电动机串频敏变阻器自动启动控制线路的元器件。

　　　　　　② 能安装绕线式异步电动机串频敏变阻器自动启动控制电气控制线路。

　　　　　　③ 能调试绕线式异步电动机串频敏变阻器自动启动控制电气控制线路。

　　　　　　④ 能处理绕线式异步电动机串频敏变阻器自动启动控制线路故障。

　　知识点：① 绕线式异步电动机串频敏变阻器自动启动控制线路的工作原理。

　　　　　　② 频敏变阻器的结构和工作原理。

工作任务流程

本任务流程如图 4.2 所示。

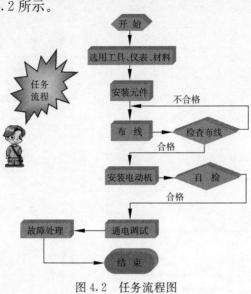

图 4.2　任务流程图

实践操作

1. 工具仪表选用

工具与仪表的选用见表 4.1。

表 4.1　工具、仪表

工具	测电笔、螺钉旋具、尖嘴钳、斜口钳、剥线钳、电工刀等电工常用工具
仪表	兆欧表（500 V，0～500MΩ）、钳形电流表、万用表

2. 元件及材料的选用

根据绕线式异步电动机转子绕组串频敏变阻器自动启动控制线路（图 4.3）选用元件及材料（表 4.2）。

表 4.2　绕线式异步电动机控制元件、材料明细表

元件、材料明细表				
名　称	代　号	型　号	规　格	数　量
绕线式异步电动机	M	YZR-132MA-6	2.2kW、6A/11.2A、908r/min	1
频敏变阻器	RF	BP1-004/10003	—	1
漏电断路器	QF	DZ47LEII-50/3N	三相　400V　16A	1

元件、材料明细表

名　称	代　号	型　号	规　格	数　量
熔断器	FU1	RT18-32/15	500V、32A、配熔体15A	3
熔断器	FU2	RT18-32/2	500V、32A、配熔体2A	2
交流接触器	KM、KM2	CJX2-0910	20A、线圈电压380V	2
热继电器	KH（FR）	JRS1-09314	三极、20A、整定电流11.2A	1
空气式时间继电器	KT	JS7-2A	线圈电压380V	1
按钮	SB1、SB2	LA4-3H	380V、5A、按钮数3	1
端子排	XT	JX2—1015	380V、10A、15节	3
导线	—	BVR2.5（红色）	耐压500V	1捆
导线	—	BVR1.5（绿色）	耐压500V	2捆
走线槽	—	φ40	—	10m
编码套管	—	φ4	—	1捆
各种螺丝钉	—	—	—	若干

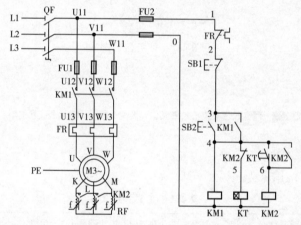

图4.3　绕线式异步电动机转子绕组串频敏变阻器自动启动控制线路原理图

3. 安装训练

（1）安装电器元件

根据表4.2配齐电器元件，并检验电器元件质量；在控制板上按图4.3安装电器元件。电器元件安装要求牢固可靠，并符合安装工艺要求，具体安装工艺要求参照项目2任务1的工艺要求进行。

（2）安装接线

在控制板上根据图4.3控制线路原理图进行布线，在布线过程中，严禁损伤线芯和导线绝缘，各接点要牢固可靠不松动，在线端套上编码套管，并符合工艺要求。安装接线工艺应符合安装接线工艺要求及相关规程规定，具体的工艺要求和相关规程请参照项目2任务1的具体要求。

4. 自检

用电阻测量法，配合手动方式操作电器元件，模拟电器元件得电动作进行检查。在检查的过程中，注意电阻值的变化，通过电阻值的变化分析判断接线的正确性。

控制回路的检查，具体步骤如下。

第一步：把万用表的两支表笔放于控制回路的熔断器上，万用表显示的电阻值为无穷大，说明控制回路无短路或短接，如图 4.4 所示。

第二步：按下启动按钮 SB2，接通的是 KM1 和 KT 线圈，此时测得的值为 KM1 和 KT 线圈并联的直流电阻值，如图 4.5 所示。

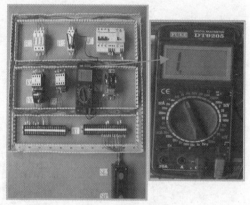
图 4.4　控制回路检查第一步

图 4.5　控制回路检查第二步

第三步：在第二步的基础上，按下停止按钮 SB1，断开 KM1 和 KT 线圈回路，此时其电阻值为无穷大，如图 4.6 所示。

第四步：按下启动按钮 SB2，动作 KT 延时触头，此时接通的是 KM1、KT 和 KM2 线圈，此时测得的电阻值为 KM1、KT 和 KM2 线圈直流电阻值并联后的阻值，如图 4.7 所示。

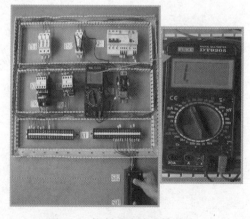
图 4.6　控制回路检查第三步

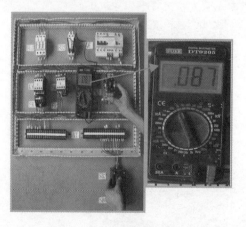
图 4.7　控制回路检查第四步

第五步：按下启动按钮 SB2，动作 KM2，KM2 辅助常闭触头断开 KT 线圈回路，KM2 辅助常开触头闭合接通 KM2 线圈，此时，接通的是 KM1 和 KM2 线圈，测得的电阻值是 KM1 和 KM2 线圈并联的直流电阻值，如图 4.8 所示。按下停止按钮 SB1，此时万用表显示的直流电阻值为无穷大，如图 4.9 所示。

图 4.8　控制回路检查第五步

图 4.9　控制回路检查第五步

第六步：动作 KM1，KM1 的辅助常开触头闭合，接通的是 KM1 和 KT 线圈。此时，测得的值为 KM1 和 KT 线圈直流电阻并联的值，如图 4.10 所示。

第七步：在第六步的基础上，动作 KT 延时触头，此时接通的是 KM1、KT 和 KM2 线圈，此时测得的电阻值 KM1、KT 和 KM2 线圈直流电阻值并联后的阻值（电阻并联阻值变小），如图 4.11 所示。按下停止按钮 SB1，此时万用表显示的直流电阻值为无穷大，如图 4.12 所示。

图 4.10　控制回路检查第六步

图 4.11　控制回路检查第七步

图 4.12　控制回路检查第七步

5. 通电调试

(1) 控制回路调试

连接控制系统的电源，经实习指导老师检查合格后，在老师的指导下通电调试控制回路。调试时注意观察各接触器和时间继电器的动作情况。按下启动按钮 SB2，接触器 KM1 和时间继电器 KT 线圈得电，如图 4.13 所示，时间继电器 KT 线圈得电，经过整定的时间（线路的时间继电器采用通电延时），接触器 KM2 线圈得电，完成串频敏变阻器启动控制，如图 4.14 所示。

图 4.13　控制回路通电调试第一步

图 4.14　控制回路通电调试第二步

(2) 主回路调试

通过观察电动机的转速，看是否正确接入频敏变阻器。

降压启动，以确定主回路的接线的正确性。在图 4.15 中 KM1 线圈得电，绕线式异步电动机串频敏变阻器降压启动；在图 4.16 中 KM1 和 KM2 得电，KM2 切除频敏变阻器，全压运行。

图 4.15　绕线式异步电动机串频敏变阻器降压启动示意图

图 4.16　绕线式异步电动机全压运行示意图

6. 故障排除

① 故障一：合上电源开关，按启动按钮 SB2，线路无法启动。
故障分析及排除流程如图 4.17 所示。

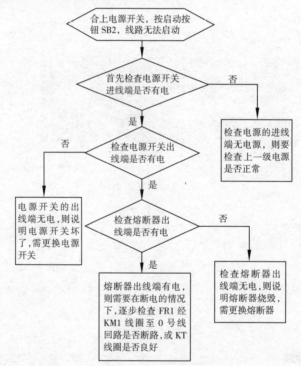

图 4.17　故障一流程图

② 故障二：绕线式异步电动机长期运行在串频敏变阻器状态。
故障分析及排除流程如图 4.18 所示。

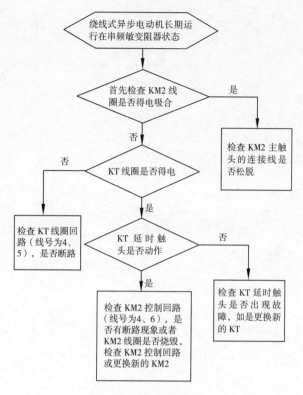

图 4.18　故障二流程图

相关知识

一、绕线式异步电动机转子绕组串频敏变阻器自动启动控制线路的工作原理

① 图 4.3 所示为绕线式异步电动机转子绕组串频敏变阻器自动启动控制线路图，其线路的工作原理流程图见图 4.19。

② 停止：按下 SB1，电动机 M 失电停止。

二、频敏变阻器的结构和工作原理

1. 频敏变阻器的结构

频敏变阻器是一种静止的、无触头的电磁元件。它为三相结构，由铁芯、铁轭及绕组组成，如图 4.20 所示。它是利用电磁感应原理制成的，通过控制交变磁场的频率而使铁芯损耗变化，相当于调节电阻大小使电阻上的损耗变化。为了在铁芯中产生较大的

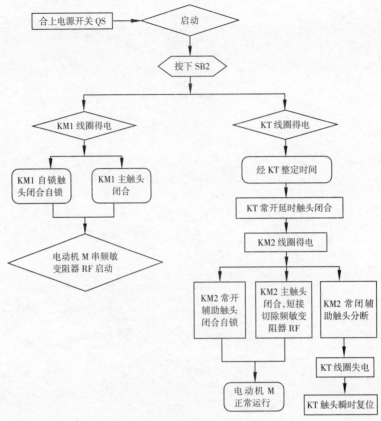

图 4.19　频敏变阻器工作原理流程图

图 4.20　频敏变阻器的结构图

涡流损耗和磁滞损耗，频敏变阻器铁芯用几片或十几片厚钢板制成，铁芯间有可以调节的气隙，当其绕组通过交流电流时，产生铁芯损耗而发热，其效果相当于接入等值电阻而产生热量。其外部结构与三相电抗器相似，由三相铁芯柱和三相绕组组成，三相绕组接成星形，如图 4.21 所示；通过三相集电环和三组电刷与转子电路连接，如图 4.22所示。

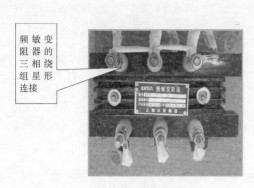

图 4.21　频敏变阻器的三相
绕组星形连接实物图

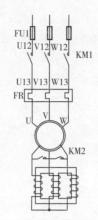

图 4.22　频敏变阻器的三相
绕组星形连接线路图

2. 工作原理

频敏变阻器是根据涡流原理工作的，即铁芯涡流损耗与频率的平方成正比。当转子电流频率变化时，铁芯中的涡流损耗变化，频敏变阻器等值电路的参数也随之变化，故称为频敏变阻器。当启动时，转子电流频率高，励磁阻抗大，相当于串入较大的电阻 r_p 和部分电抗 X_p，如图 4.23 所示。启动结束，即低频时，励磁阻抗已经变得几乎可以忽略不计。在启动过程中 r_p 及 X_p 随转速升高频率降低而自动地连续减小，这就是频敏变阻器的工作原理。所以它是一种无触头的变阻器，能实现无级平滑启动，可获得恒转矩的启动特性，没有机械冲击，且频敏变阻器结构较简单、成本低、使用寿命长、维护方便。其缺点是体积较大、设备较重。实际上，频敏变阻器的电流频率、匝数、铁芯叠片的材料、结构尺寸、气隙维持一定时，电动机启动时转子电动势和电流的频率变化是等值阻抗的主要影响因数。频敏变阻器的铁芯和磁轭之间设有空气隙，绕组也留有几个抽头，如图 4.24 所示，改变气隙的大小和绕组匝数使其等效阻抗改变，以达到调整电动机的启动电流和启动转矩的大小。

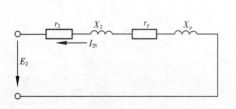

图 4.23　频敏变阻器的等效电路图

频敏变阻器的抽头

图 4.24　频敏变阻器的抽头示意图

巩固训练

1. 技能训练要求

① 会使用常用电工工具，电工仪表，会识别、选择、使用元器件、导线。

② 规范地进行控制线路安装、接线，能正确处理各种电气设备安全事故。

2. 实训内容与步骤

（1）实训电路

绕线式异步电动机转子绕组串频敏变阻器启动手/自动控制线路原理图如图 4.25 所示。

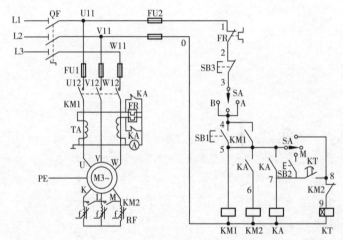

图 4.25　绕线式异步电动机转子绕组串频敏变阻器启动手/自动控制线路原理图

（2）实训操作及要求

① 根据电气原理图 4.25 配齐电器元件，并检查电器元件质量。

② 在控制板上根据控制原理图进行线槽布线，并在线端套上编码套管。

③ 根据控制原理图 4.25，对主回路和控制回路进行自检。

④ 在实习指导老师的指导下，不带电动机进行控制线路的通电调试。

⑤ 安装电动机。

⑥ 在实习指导老师的监督下，通电试车。

思考与练习

1. 简述图 4.25 绕线式异步电动机转子绕组串频敏变阻器启动手动/自动控制线路的工作原理。

2. 简述频敏变阻器的结构特点及工作原理。

学习检测

实训考核标准见表 4.3。

表 4.3　《绕线式异步电动机控制系统安装调试及故障处理》技能自我评分表

项　目	技术要求	配　分	评分细则	评分记录
备料	按项目要求备料，不清楚元器件功能及作用、使用注意事项	5	每 1 项扣 1 分	
	元器件漏检、错检		每 1 项扣 1 分	
布局安装	元器件布局不合理 安装不牢固 不整齐，不匀称 元器件有损坏	20	扣 15 分 每只扣 4 分 每只扣 3 分 每只扣 15 分	
线路敷设	接线有错误（含电动机接法） 布线不合理 导线接点处理不合要求（松动、露铜过长、反圈等） 导线绝缘或线芯有破损 号码管错标或漏标	40	每处扣 4 分 每处扣 3 分 每处扣 1 分 每处扣 5 分 每处扣 1 分	
通电试车	热继电器未根据负载设定整定电流或设定不正确 第一次试车不成功且不能迅速判定故障 第二次试车不成功且不能迅速判定故障	30	每次扣 5 分 每次扣 20 分 每次扣 30 分	
安全规范	接地线的安装不规范 漏装安全接地线 错装安全接地线	5	每次扣 2 分 每次扣 4 分 每次扣 4 分	
定额时间			超时酌情扣分	
实训起止时间	开始时间：	结束时间：	本次成绩：	

知识拓展与链接

一、知识拓展

1. 万能转换开关的作用

万能转换开关是由多组相同结构的触头组件叠装而成的多回路控制制电器，主要用于各种控制线路的转换，电气测量仪表的转换，以及配电设备的远距离控制，也可用于控制小容量电动机的启动、制动、正反转换向及双速电动机的调速控制。由于它触头档数多、换接的线路多且用途广泛，所以常被称为"万能"转换开关。

2. 万能转换开关的分类及其型号含义

（1）万能转换开关的分类

① 按手柄形式，有旋钮、普通手柄、带定位可取出钥匙和带信号指示灯等。

② 按定位形式分，有复位式和定位式。定位角分30°、45°、60°、90°等数种，它由具体系列决定。

③ 按接触系统档数分，如LW5分1、2、3、4、5、6、7、8、9、10、11、12、13、14、15、16等16种单列转换开关。

（2）转换开关型号含义

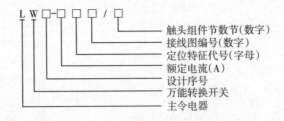

触头组件节数节（数字）
接线图编号（数字）
定位特征代号（字母）
额定电流（A）
设计序号
万能转换开关
主令电器

3. LW5系列万能转换开关的主要组成部分及工作原理

（1）万能转换开关的主要组成部分

LW5系列转换开关主要由操作机构、定位装置和触头三部分组成，实物如图4.26所示，结构如图4.27所示。其中，触头为双断点桥式结构，动触头设计成自动调整式，以保证通断时的同步性。静触头装在触头座内。每个由胶木压制的触头座内可安装2～3对触头，而且每组触头上均装有隔弧装置。

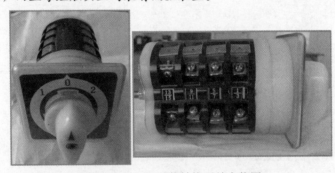

图4.26　LW5万能转换开关实物图

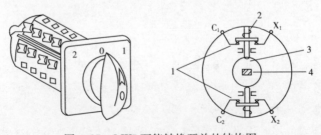

图4.27　LW5万能转换开关的结构图

（2）万能转换开关的工作原理

在操作转换开关时，手柄带动转轴和凸轮一起旋转。当手柄在不同的操作位置，利用凸轮顶开和靠弹簧力恢复动触头，控制它与静触头的分与合，从而达到对电路断开和接通的目的。

4. 万能转换开关的选择

① 按额定电压和工作电流等参数选择合适的系列。

② 按控制要求，确定触头数量和接线图编号。

③ 按操作需要选择手柄形式和定位特征。

二、知识链接

请查阅电动机绕组布线接线手册以及电动机及电力拖动控制、电机技术相关资料。

项目5
典型机床线路调试及故障处理

教学目标

通过本项目的讲解，同学们应对典型的机床线路有一个了解，能理解典型机床控制系统的工作原理，会识读典型机床控制系统的安装接线图及原理图，能调试典型机床控制系统，会分析和处理典型机床控制系统的常见故障。

安全规范

① 对于出现故障的电气设备、装置和线路，必须及时进行检修，以保证人身和电气设备的安全。

② 电气设备一般不能受潮，要有防止雨、雪、水侵蚀的措施。电气设备运行时，要有良好的通风散热条件和防火措施。

③ 所有电气设备的金属外壳都必须有可靠的保护接地。

④ 严格遵照机床安全操作规程进行运行操作。

⑤ 凡有可能被雷击的电气设备，都要安装防雷装置。

技能要求

① 能掌握典型机床的安全操作。

② 能熟练掌握典型机床线路的工作原理。

③ 能熟练掌握典型机床控制线路的常见故障现象的分析、判断和故障的处理。

④ 能熟练掌握典型低压电器元件的维修。

任务
1

Z3050 型摇臂钻床控制线路调试、故障处理

场景描述

钻床是一种孔加工设备，可以用来钻孔、扩孔、铰孔、攻丝及修刮端面等多种形式的加工。按用途和结构分类，钻床可以分为立式钻床、台式钻床、多孔钻床、摇臂钻床及其他专用钻床等。在各类钻床中，摇臂钻床操作方便、灵活，适用范围广，具有典型性，特别适用于单件或批量生产带有多孔大型零件的孔加工，是一般机械加工车间常见的机床。

本任务通过教师或者钻床操作人员现场示教如何简单操作 Z3050 摇臂钻床（图 5.1），使学生能够了解该机床的机械结构和电气控制特点，并能在教师的指导下在该机床上进行故障的判断和排除故障的训练。

图 5.1　Z3050 型摇臂钻床外形图

任务目标

技能点：① 正确使用常用电工仪表。

② 检修和调试典型低压电器。

③ 检修和调试 Z3050 型摇臂钻床电气控制线路。

④ 分析、判断和处理 Z3050 摇臂钻床电气控制线路故障。

知识点：Z3050 摇臂钻床电气控制线路的工作原理。

工作任务流程

本任务流程如图5.2所示。

图5.2 工作任务流程图

实践操作

一、Z3050型摇臂钻床安全操作规程

① 工作前对所用钻床和工卡量具进行全面检查，确认无误时方可工作。

② 严禁戴手套操作，女生发辫应挽在帽子内。

③ 工件装夹必须牢固可靠。钻小件时，应用工具夹持，不准用手拿着钻。

④ 使用自动走刀时，要选好进给速度，调整好行程限位块。手动进刀时，一般按照逐渐增压和逐渐减压原则进行，以免用力过猛造成事故。

⑤ 钻头上绕有长铁屑时，要停车清除。禁止用风吹、用手拉，要用刷子或铁钩清除。

⑥ 精铰深孔时，拔取圆器和销棒，不可用力过猛，以免手撞在刀具上。

⑦ 不准在旋转的刀具下，翻转、卡压或测量工件。手不准触摸旋转的刀具。

⑧ 使用摇臂钻时，横臂回转范围内不准有障碍物。工作前，横臂必须卡紧。

⑨ 横臂和工作台上不准存放物件，被加工工件必须按规定卡紧，以防工件移位造成重大人身伤害事故和设备事故。

⑩ 工作结束时，将横臂降到最低位置，主轴箱靠近立柱，并且都要卡紧。

二、认识Z3050型摇臂钻床的机械结构、电气结构

1. 摇臂钻床的主要机械结构

摇臂钻床主要由底座、内立柱、外立柱、摇臂、主轴箱及工作台等部分组成（图5.3）。内立柱固定在底座的一端，在它的外面套有外立柱，外立柱可绕内立柱回转

360°。摇臂的一端为套筒，它套装在外立柱做上下移动。由于丝杆与外立柱连成一体，而升降螺母固定在摇臂上，因此摇臂不能绕外立柱转动，只能与外立柱一起绕内立柱回转。主轴箱是一个复合部件，由主传动电动机、主轴和主轴传动机构、进给和变速机构、机床的操作机构等部分组成。主轴箱安装在摇臂的水平导轨上，可以通过手轮操作，使其在水平导轨上沿摇臂移动。

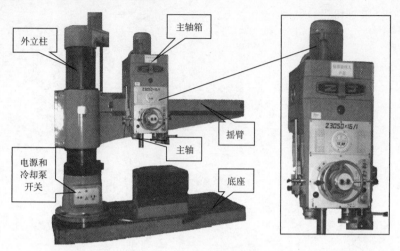

图 5.3　Z3050 型摇臂钻床正面

2. 摇臂钻床的主要电气结构

① 摇臂钻床的主要电气结构如图 5.4 所示，摇臂钻床运动部件较多，为了简化传动装置，采用多台电动机拖动。Z3050 型摇臂钻床采用 4 台电动机拖动，它们分别是主轴电动机、摇臂升降电动机、液压泵电动机和冷却泵电动机，这些电动机都采用直接启动方式。

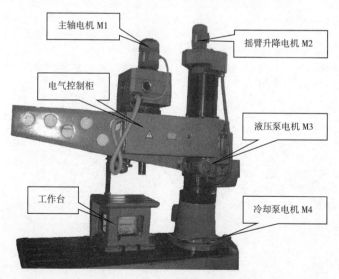

图 5.4　Z3050 型摇臂钻床背面

② 在加工螺纹时，要求主轴能正反转。摇臂钻床主轴正反转一般采用机械方法实现。因此主轴电动机仅需要单向旋转。

③ 摇臂升降电动机要求能正反向旋转。

④ 内外立柱的夹紧与放松、主轴与摇臂的夹紧与放松由于采用机械、液压装置，则备有液压泵电机，拖动液压泵提供压力油来实现，故液压泵电机要求能正反向旋转。

⑤ 冷却泵电动机带动冷却泵提供冷却液，只要求单向旋转。

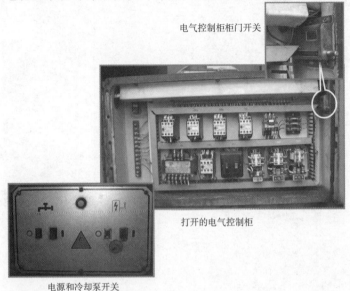

图 5.5　电气柜元件实物布置图

三、摇臂钻床通电调试

1. 主轴电动机的启动和停止

主轴电动机的启动和停止按钮见图 5.6。

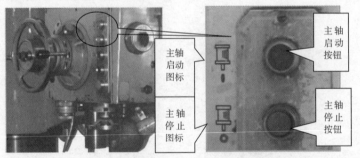

图 5.6　Z3050 型摇臂钻床主轴电动机的启动和停止按钮

按下主轴启动按钮 SB3，电动机 M1 得电，主轴启动。按下主轴停止按钮 SB2，电动机 M1 失电，主轴停止。

2. 摇臂升降控制

摇臂升降控制见图 5.7。

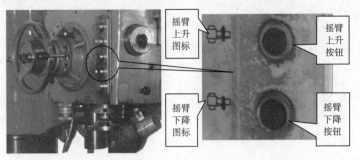

图 5.7 Z3050 型摇臂钻床摇臂升降控制按钮

按下摇臂上升按钮 SB4，摇臂开始上升，松开摇臂上升按钮 SB4，则上升停止。按下摇臂下降按钮 SB5，摇臂开始下降，松开摇臂下降按钮 SB5，则下降停止。

3. 立柱和主轴箱的夹紧和放松

立柱和主轴箱的夹紧和放松见图 5.8。

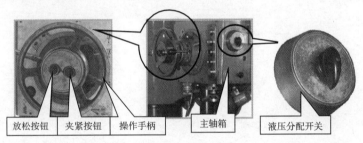

图 5.8 Z3050 型摇臂钻床立柱和主轴箱的同时夹紧和放松控件位置

（1）立柱和主轴箱的同时夹紧和放松

若需要将主轴箱和立柱同时放松、夹紧，首先将液压分配开关 SA1 拨到中间位置，如图 5.8 所示，按下放松按钮 SB6 或者夹紧按钮 SB7，即可使立柱和主轴箱同时放松、夹紧。

（2）立柱的夹紧和放松

若需要单独放松与夹紧立柱时，将液压分配开关 SA1 拨至左侧，按下放松按钮 SB6 或夹紧按钮 SB7，即可使立柱单独放松或夹紧。

（3）主轴箱的夹紧和放松

同理，将液压分配开关 SA1 拨至右侧，则可使主轴箱单独放松或夹紧。

四、Z3050 型摇臂钻床常见故障排除

摇臂钻床电气控制的重要环节是摇臂升降、立柱和主轴箱的夹紧与松开。Z3050 型

摇臂钻床的工作过程是由电气、机械以及液压系统紧密配合实现的。因此，在维修中不仅要注意电气部分能否正常工作，而且也要注意它与机械和液压部分的协调关系。因此，当出现故障时，正确判断是电气故障还是机械故障以及对电气与机械相配合情况的掌握，是迅速排除故障的关键。

1. Z3050 型摇臂钻床典型故障一：摇臂不能升降

故障的分析与检修的工作步骤：

① 准备常用电工工具与仪表。电工常用电工工具，万用表，500V 兆欧表，钳形电流表。

② 观察 Z3050 型摇臂钻床的故障现象，在任课教师或者钻床操作工的指导下，做必要的通电测试，以便清楚的了解故障现象。

③ 对照故障现象，参照电气原理图和电器接线图，分析判断故障的大体原因，而且借助必要的工具和仪表进行检测和通电验证，逐步缩小故障范围。

④ 找出故障点，并进行故障排除。

⑤ 检修完毕后通电调试，检测 Z3050 型摇臂钻床是否正常工作，并得到任课教师或钻床操作工的确认后，交付使用。

故障分析的大体思路如图 5.9 所示。

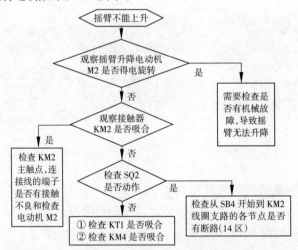

图 5.9　Z3050 摇臂钻床摇臂不能上升故障排除流程图

2. Z3050 型摇臂钻床典型故障二：立柱、主轴箱不能夹紧或松开

故障的分析与检修的工作步骤同故障一。

立柱、主轴箱不能夹紧或松开的可能原因是油路堵塞、接触器 KM4 或 KM5 不能吸合。出现故障时，应检查按钮 SB6、SB7 接线情况是否良好。若接触器 KM4 或 KM5 能吸合，电动机 M3 能运转，可排除电气方面的故障，则应请液压、机械修理人员检修油路，以确定是否有油路故障。故障分析思路如图 5.10 所示。

机床故障检修的注意事项：

立柱,主轴箱不能夹紧或松开

↓

观察 KT2、KT3 和 KM4 或 KM5 是否吸合

→ 是 → 检查液压部分是否有故障

↓ 否

① 检查 KT2,KT3 线圈支路
② 检查 KM4 或 KM5 线圈支路

图 5.10　Z3050 摇臂钻床立柱、主轴箱不能夹紧或松开故障排除流程图

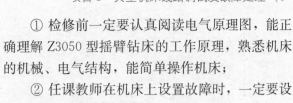

① 检修前一定要认真阅读电气原理图,能正确理解 Z3050 型摇臂钻床的工作原理,熟悉机床的机械、电气结构,能简单操作机床;

② 任课教师在机床上设置故障时,一定要设置非短路性故障,故障点可以是 1~2 个;

③ 允许在机床故障检修过程中通电,但通电前,一定要用万用表测量以便确认没有短路故障,停电后一定要验电,带电检修时,必须要有指导教师在旁监护;

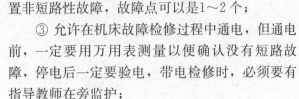

④ 若实训条件允许,最好在机床上直接设置故障点,若不具备条件,可以采用在电气安装模拟板上进行;

⑤ 排除故障时,必须修复故障点,而且严禁扩大故障范围或产生新的故障;

⑥ 检修时,不得随意改变机床原电动机的电源相序,以防使摇臂升、降或者液压松、紧反向,造成事故;

⑦ 注意正确使用各种检修方法,当使用"电阻法"检修时,切记要断电检修。

相关知识

一、电气控制线路分析

Z3050 型摇臂钻床电气位置图如图 5.11 所示。

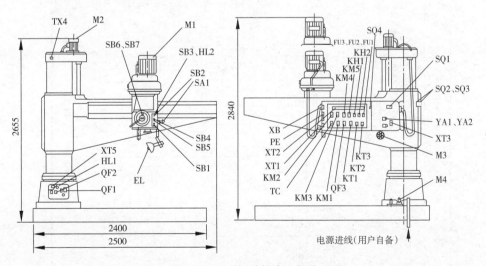

图 5.11　Z3050 型摇臂钻床电气位置图

Z3050 型摇臂钻床的电气原理图如图 5.12 所示,其电气柜接线图如图 5.13 所示。

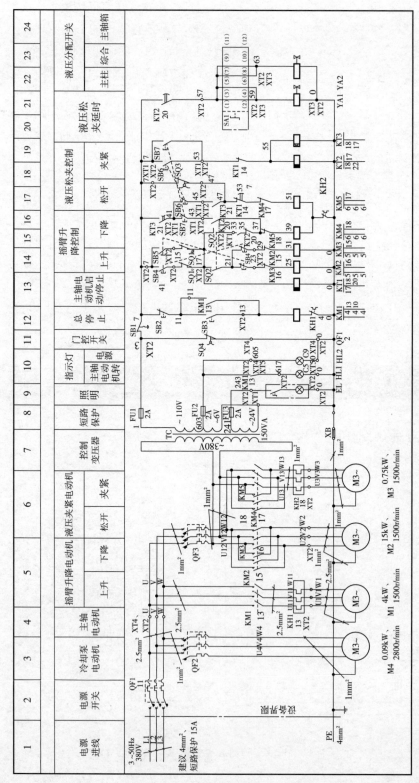

图 5.12 Z3050 型摇臂钻床电气原理图

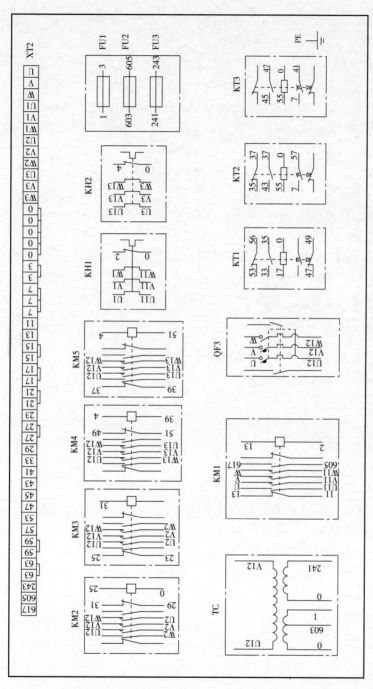

图 5.13　Z3050 型摇臂钻床电气柜接线图

1. 主电路分析

Z3050 型摇臂钻床共有四台电动机，除冷却泵电动机采用断路器直接启动外，其余三台异步电动机均采用接触器直接启动。

M1 是主轴电动机，由交流接触器 KM1 控制，只要求单方向旋转，主轴的正反转由机械手柄操作。电动机 M1 装于主轴箱顶部，拖动主轴及进给传动系统运转。热继电器 FR1 作为电动机 M1 的过载及断相保护，短路保护由断路器 QF1 中的电磁脱扣装置来完成。

M2 是摇臂升降电动机，用接触器 KM2 和 KM3 控制其正反转。由于电动机 M2 是间断性工作，所以它不设过载保护。

M3 是液压泵电动机，用接触器 KM4 和 KM5 控制其正反转，由热继电器 FR2 作为过载及断相保护。该电动机的主要作用是拖动油泵供给液压装置压力油，以实现摇臂、立柱以及主轴箱的松开和夹紧。

摇臂升降电动机 M2 和液压油泵电动机 M3 共用断路器 OF3 中的电磁脱扣器作为短路保护。

M4 是冷却泵电动机，由断路器 QF2 直接控制，并实现短路、过载及断相保护。

主电路电源电压为交流 380V，断路器 QF1 作为电源引入开关。

2. 控制电路分析

控制电路电源由控制变压器 TC 降压后供给 110V 电压，熔断器 FU1 作为短路保护。

（1）开车前的准备工作

为保证操作安全，本钻床具有"开门断电"功能。所以开车前应将立柱下部及摇臂后部的电柜门关好，方能接通电源。合上 QF3（5 区）及总电源开关 QF1（2 区），则电源指示灯 HL1（10 区）亮，表示钻床的电气线路已进入带电状态。

（2）主轴电动机 M1 的控制（图 5.14）

按下启动按钮 SB3（12 区），接触器 KM1 吸合并自锁，使主轴电动机 M1 启动运行，同时指示灯 HL2（9 区）亮。按下停止按钮 SB2（12 区），接触器 KM1 线圈释放，使主轴电动机 M1 停止旋转，同时指示灯 HL2 熄灭。

（3）摇臂上升控制（图 5.15）

按下上升按钮 SB4（15 区），则时间继电器 KT1（14 区）通电吸合，其瞬时闭合

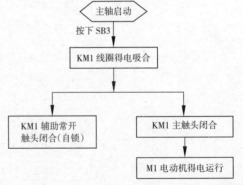

图 5.14　Z3050 型摇臂钻床主轴电动机 M1 启动

的常开触头（17 区）闭合，接触器 KM4 线圈（17 区）通电，KM4 的主触头（6 区）接通，液压泵电动机 M3 得电正向旋转，供给压力油。压力油经分配阀体进入摇臂的"松开油腔"，推动活塞移动，活塞推动菱形块，将摇臂松开。同时活塞杆通过弹簧片压下位置开关 SQ2，使其常闭触头（17 区）断开，切断了接触器 KM4 的线圈电路，使 KM4 主触头（6 区）断开，液压泵电动机 M3 停止工作。同时 SQ2 常开触头（15

区）闭合，使交流接触器 KM2 的线圈（15 区）通电，KM2 的主触头（5 区）接通，摇臂升降电动机 M2 得电旋转，带动摇臂上升。

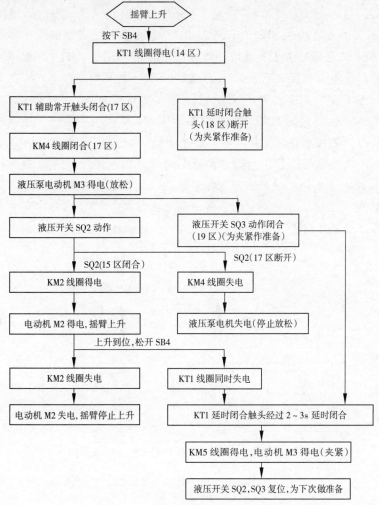

图 5.15　Z3050 型摇臂钻床摇臂上升流程图

当摇臂上升到所需位置时，松开按钮 SB4，则接触器 KM2 和时间继电器 KT1 同时断电释放，摇臂升降电动机 M2 失电，摇臂随之停止上升。

由于时间继电器 KT1 断电释放，经 1～3s 时间的延时后，其延时闭合的常闭触头（18 区）闭合，使接触器 KM5（18 区）吸合，液压泵电动机 M3 反向旋转，随之泵内压力油经分配阀进入摇臂的"夹紧油腔"使摇臂夹紧。在摇臂夹紧后，活塞杆推动弹簧片压下位置开关 SQ3，其常闭触头（19 区）断开，KM5 断电释放，M3 停止工作，完成了摇臂的松开→上升→夹紧的整套动作。

组合开关 SQ1a（15 区）和 SQ1b（16 区）作为摇臂升降的超程限位保护。当摇臂上升到极限位置时，压下 SQ1a 使其断开，接触器 KM2 断电释放，摇臂升降电动机 M2 停止运行，摇臂停止上升；当摇臂下降到极限位置时，压下 SQ1b 使其断开，接触器 KM3 断电释放，摇臂升降电动机 M2 停止运行，摇臂停止下降。

（4）立柱和主轴箱的夹紧与放松控制（图 5.16）

立柱和主轴箱的夹紧与放松既可以同时进行，也可以单独进行，由液压分配开关 SA1（22-24 区）和复合按钮 SB6（或 SB7）（20 或 21 区）进行控制。

① 立柱和主轴箱同时夹紧与放松。将液压分配开关 SA1 拨到中间位置，然后按下放松按钮 SB6，时间继电器 KT2、KT3 线圈（20、21 区）同时得电。KT2 延时断开的常开触头（22 区）瞬时闭合，电磁铁 YA1、YA2 得电吸合；而 KT3 延时闭合的常开触头（17 区）经 1～3s 延时后闭合，使接触器 KM4 得电吸合，液压泵电动机 M3 正转，供给的压力油进入立柱和主轴箱的"松开油腔"，使立柱和主轴箱同时松开。

松开 SB6，时间继电器 KT2 和 KT3 的线圈同时断电释放，KT3 延时闭合的常开触头（17 区）瞬时分断，接触器 KM4 断电释放，液压泵电动机 M3 停转。KT2 延时断开的常开触头（22 区）经 1～3s 后分断，电磁铁 YA1、YA2 线圈断电释放，立柱和主轴箱同时松开的操作结束。立柱和主轴箱同时松开动作流程图如图 5.16 所示。

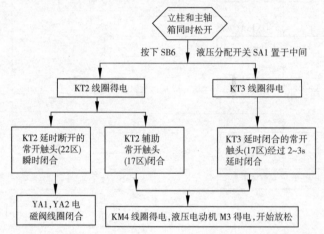

图 5.16　Z3050 型摇臂钻床立柱和主轴箱同时松开流程图

立柱和主轴箱同时夹紧的工作原理与松开相似，只要按下 SB7，使接触器 KM5 获电吸合，液压泵电动机 M3 反转即可。

② 主轴箱单独夹紧与放松。将液压分配开关 SA1 扳到右侧位置。按下放松按钮 SB6（或夹紧按钮 SB7），时间继电器 KT2 和 KT3 的线圈同时得电，这时只有电磁铁 YA2 单独通电吸合，从而实现主轴箱的单独放松（或夹紧）。

③ 立柱单独夹紧与放松。将液压分配开关 SA1 扳到左侧位置。按下放松按钮 SB6（或夹紧按钮 SB7），时间继电器 KT2 和 KT3 的线圈同时得电，这时只有电磁铁 YA1 单独通电吸合，从而实现立柱的单独放松（或夹紧）。

（5）冷却泵电动机 M4 的控制

扳动断路器 QF2，就可以接通或切断电源，操纵冷却泵电动机 M4 的工作或停止。

（6）照明、指示电路分析

照明、指示电路的电源也由控制变压器 TC 降压后提供 24V、6V 的电压，由熔断器 FU3、FU2 作短路保护，EL 是照明灯，HL1 是电源指示灯，HL2 是主轴指示灯。

Z3050 型摇臂钻床的电器元件明细表见表 5.1。

表 5.1　Z3050 型电气元件明细表

代　号	名　称	型　号	规　格	数　量	用　途
M1	主轴电动机	Y112M-4	4kW、1440r/min	1	驱动主轴及进给
M2	摇臂升降电动机	Y90L-4	1.5kW、1400r/min	1	驱动摇臂升降
M3	液压油泵电动机	Y802-4	0.75kW、1390r/min	1	驱动液压系统
M4	冷却泵电动机	AOB-25	90W、2800r/min	1	驱动冷却泵
KM1	交流接触器	CJX2-1810	线圈电压 110V	1	控制主轴电动机
KM2～KM5	交流接触器	CJX2-1210	线圈电压 110V	4	控制 M2、M3 正反转
FU1～FU3	熔断器	BZ-001A	2A	3	控制、指示、照明电路的短路保护
KT1、KT2	时间继电器	JS7-A	线圈电压 110V	2	—
KT3	时间继电器	JS7-A	线圈电压 110V	1	—
FR1	热继电器	JRS4-D09314	6.8～11A	1	M1 过载保护
FR2	热继电器	JRS4-D09307	1.5～2.4A	1	M3 过载保护
QF1	低压断路器	DZ5-20/330FSH	10A	1	总电源开关
QF2	低压断路器	DZ5-20/330H	0.3～0.45A	1	M4 控制开关
QF3	低压断路器	DZS-20/330H	6.5A	1	M2、M3 电源开关
YA1、YA2	交流电磁铁	MFJ1-3	线圈电压 110V	2	液压分配
TC	控制变压器	BK-150	380/110-24-6V	1	控制、指示、照明电路供电
SB1	按钮	LAY3-11ZS/1	红色	1	总停止开关
SB2	按钮	LAY3-11	—	1	主轴电动机停止
SB1	按钮	LAY3-11D	绿色	1	主轴电动机启动
SB2	按钮	LAY3-11	—	1	摇臂上升
SB2	按钮	LAY3-11	—	1	摇臂下降
SB1	按钮	LAY3-11	—	1	松开控制
SB2	按钮	LAY3-11	—	1	夹紧控制
SC11	组合开关	HZ4-22			摇臂升降限位
SQ2、SQ3	位置开关	LX5-11	—	2	摇臂松、紧限位
SQ4	门控开关	JWM6-11		1	门控
SA1	万能转换开关	LW6-2/8071	—	1	液压分配开关
HL1	信号灯	XD1	6V、白色	1	电源指示
HL2	指示灯	XDI	6V	1	主轴指示
EL	钻床工作灯	JC-25	40W、24V	1	钻床照明

任务 2 MY7132A 型平面磨床控制线路调试、故障处理

场景描述

　　磨床是用砂轮的周边或端面对工件的表面进行机械加工的一种精密加工机床,当在机械加工过程中,对零件的表面粗糙度要求较高时,就需要用磨床进行加工。根据用途的不同可分为平面磨床、内圆磨床、外圆磨床、无心磨床等。

　　本任务通过教师或者磨床操作人员现场示教如何简单操作 MY7132A 型平面磨床,使学生能够了解该机床的机械结构和电气控制特点,MY7132A 型平面磨床外形图如图 5.17 所示,并使学生能在教师的指导下在该机床上进行故障的判断和排除故障的训练。

图 5.17　MY7132A 型平面磨床外形图

任务目标

　　技能点:① 正确使用常用电工仪表。

　　　　　② 检修和调试典型低压电器。

　　　　　③ 检修和调试 MY7132A 型平面磨床电气控制线路。

　　　　　④ 分析、判断和处理 MY7132A 型平面磨床电气控制线路故障。

　　知识点:MY7132A 型平面磨床电气控制线路的工作原理。

工作任务流程

本任务流程如图 5.18 所示。

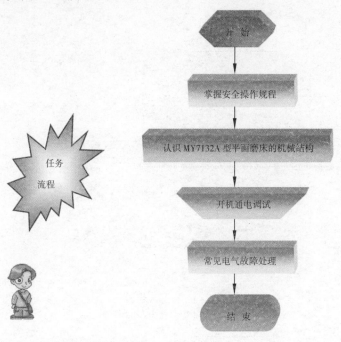

图 5.18 工作任务流程图

实践操作

一、掌握安全操作规程

① 要求手远离砂轮，禁止戴手套操作。

② 砂轮旋转或磨削工件时，不得用快速升降开关进行上下进给。

③ 砂轮须经过静平衡后方能使用，新砂轮必须经过两次平衡，即修整后再平衡一次后方能使用。

④ 安装砂轮时多个螺钉应均匀拧紧，防止压力过大，砂轮破损。

⑤ 电磁吸盘充磁或夹紧后，才能驱动工作台磨削工件，停机后才能退磁或松开夹具。

二、认识 MY7132A 平面磨床的机械结构、电气结构

1. 机械结构

机械结构如图 5.19 和图 5.20 所示。

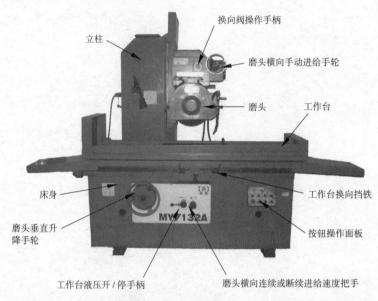

图 5.19　MY7132A 型磨床的正面结构图

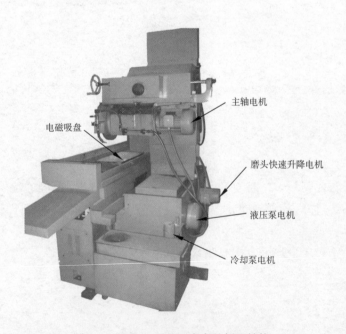

图 5.20　MY7132A 型磨床的侧面结构

2. 电气结构

电气结构如图 5.21 所示。

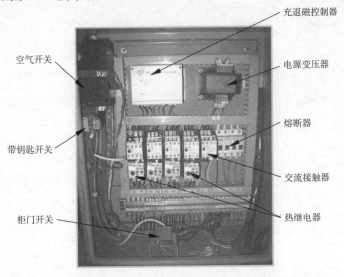

充退磁控制器

空气开关

电源变压器

带钥匙开关

熔断器

交流接触器

柜门开关

热继电器

图 5.21 MY7132A 型磨床电气柜实物图

（1）了解电气柜门开关

电气柜门开关是一种安全保护电器，通常设置在机床柜门处。它的作用是当电气柜门一旦打开，则整个控制电路全部失电，达到保护操作者或者维修人员的目的（图 5.22）。

（2）了解充退磁控制器和电磁吸盘

电磁吸盘（图 5.23）是用来固定加工工件的一种夹具。它与机械夹具比较，具有夹紧迅速、操作快速简便、不损伤工件、一次能固定多个小工件，以及加工过程中发热工件可自由伸缩不变形等优点。

充退磁控制器（图 5.24）需要与电磁吸盘配合使用，它是用来控制电磁吸盘的充磁和退磁的。

图 5.22 柜门开关图

图 5.23 电磁吸盘

图 5.24 充退磁控制器

三、在教师的指导下通电调试 MY7132A 型平面磨床

1. 熟悉按钮操作面板

按钮操作面板如图 5.25 所示。

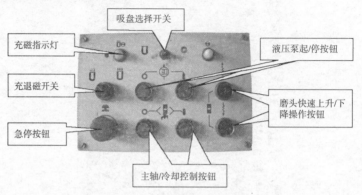

图 5.25　按钮操作面板图

2. MY7132A 型磨床的操作步骤

（1）液压泵启动和停止［图 5.26（a）］

按下油泵启动按钮 SB3，油泵启动。

按下油泵停止按钮 SB2，油泵停止。

（2）主轴和冷却泵的启动与停止［图 5.26（b）］

按下主轴启动按钮 SB5，主轴和冷却泵启动。

按下主轴停止按钮 SB4，主轴和冷却泵停止。

图 5.26（a）液压泵启动和停止按钮

图 5.26（b）主轴和冷却泵的启动与停止按钮

（3）磨头升降操作控制［图 5.26（c）］

磨头升降有手动和自动两种工作状态，手动时应将手动手轮中心手柄推进，此时摇动手轮，磨头即可慢速上下移动。若须作自动时，应先将手轮中心手柄拉出，此时按下磨头垂直快速上升按钮 SB6，冷却泵电动机 M4 得电正转，磨头快速上升；按下磨头垂直快速下降按钮 SB7，冷却泵电动机 M4 得电反转，磨头快速下降。磨头垂直快速下降时必须停止砂轮电动机（主轴电动机），否则只能手动进给。

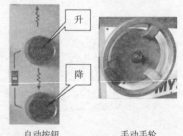

自动按钮　　　　手动手轮

图 5.26（c）磨头升降控制装置

（4）工作台的纵向进给操作［图 5.26（d）］

在液压泵启动后，将"工作台液压开/停手柄"沿顺时针方向由"卸荷"位置扳到"开始"进给位置，此时工作台开始有进给动作，但进给很慢，将手柄沿顺时针旋转越大，则工作台的进给速度会越来越快，反之会慢，直到停止。

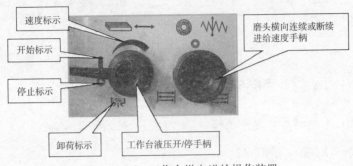

图 5.26（d）工作台纵向进给操作装置

（5）磨头的横向手动进给［图 5.26（e）］

若需要磨头横向手动进给，首先要将"换向阀操作手柄"拉出，并逆时针旋转到手动图标位置，此时摇动"磨头横向手动进给手轮"可以进行磨头横向手动进给操作。

图 5.26（e）磨头横向手动进给操作装置

（6）磨头的横向自动进给［图 5.26（f）］

若需要磨头横向自动进给，首先要将"换向阀操作手柄"拉出，并顺时针旋转到自动图标位置，此时再将磨头横向连续或断续进给速度把手按照需要进行调整。顺时针旋转为"断续进给"操作，逆时针旋转为"连续进给"操作。

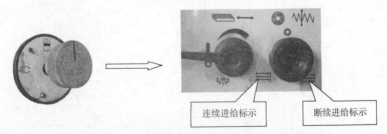

图 5.26（f）磨头横向自动进给操作装置

（7）电磁吸盘的充退磁操作［图 5.26（g）］

首先将"吸盘选择开关 SA2"拨到吸盘图标处，然后再通过扳动充退磁开关 SA3

到相应位置，即可完成充退磁操作。

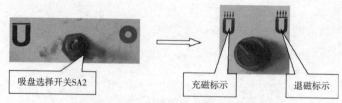

吸盘选择开关SA2　　　充磁标示　　　退磁标示

图 5.26（g）电磁吸盘的充退磁操作装置

四、MY7132A 型平面磨床常见故障排除

1. MY7132A 型平面磨床典型故障一：主轴和水泵均不能启动

故障的分析与检修的工作步骤：

① 准备常用电工工具与仪表，电工常用电工工具主要有测电笔、螺丝刀、电工刀、钢丝钳、斜口钳、尖嘴钳、剥线钳等，常用仪表主要有万用表、500V 兆欧表、钳形电流表等；

② 观察 MY7132A 型平面磨床的故障现象，在任课教师或者磨床操作工的指导下，做必要的通电测试，以便清楚地了解故障现象；

③ 对照故障现象，参照电气原理图和电器接线图，分析判断故障的大体原因，而且借助必要的工具和仪表进行检测和通电验证，逐步缩小故障范围；

④ 找出故障点，并进行故障排除；

⑤ 检修完毕后通电调试，检测 MY7132A 型平面磨床是否正常工作，并得到任课教师或磨床操作工的确认后，交付使用。

故障分析的大体思路见图 5.27。

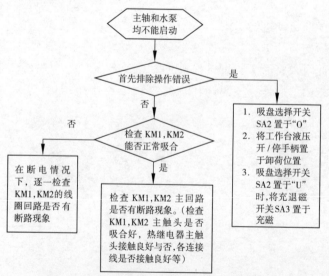

图 5.27　主轴和水泵均不能启动故障检修流程图

2. MY7132A 型平面磨床典型故障二：电磁吸盘没有吸力

故障的分析与检修的工作步骤同故障一。

故障分析的大体思路见图 5.28。

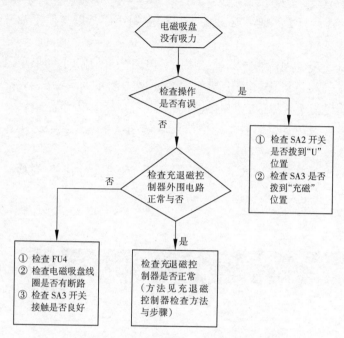

图 5.28　电磁吸盘没有吸力故障检修流程图

充退磁控制器检查方法与步骤：

当充退磁控制器不能正常工作时，应首先检查外围线路及磁盘，确认外接线路无问题，则断开输出端负载及外接调节电位器，确保状态转换开关工作正常，输入端上电，延迟约 1.5s 后，按以下要求测试，若符合要求，即可判断充退磁控制器正常。

①（用万用表 DC20V 挡）5＃与 10＃之间的电压应为 15V 左右。

② 将开关置"充磁"挡（用万用表 DC500V 挡），1＃、2＃之间输出电压（端子 1＃为负），应为输入电压的 1.4 倍左右。

③ 将开关置"停磁"挡，输出电压应为零。

④ 将开关置"退磁"挡，输出电压应正反向振荡（幅值同充磁电压不衰减），经过 3～18s（具体时间由面板上的电位器调节）后归零。

机床故障检修的注意事项如下。

① 检修前一定要认真阅读电气原理图，能正确理解 MY7132A 平面磨床的工作原理，熟悉机床的机械、电气结构，能简单操作机床。

② 任课教师在机床上设置故障时，一定要设置非短路性故障，故障点可以是 1～2 个。

③ 允许在机床故障检修过程中通电，但通电前，一定要用万用表测量以便确认没

有短路故障。停电后一定要验电，带电检修时，必须要有指导教师在旁监护。

④ 若实训条件允许，最好在机床上直接设置故障点，若不具备条件，可以采用在电气安装模拟板上进行。

⑤ 排除故障时，必须修复故障点，而且严禁扩大故障范围或产生新的故障。

⑥ 检修时，不得随意改变机床原电动机的电源相序，以防使主轴升降反向，造成事故。

⑦ 注意正确使用各种检修方法，当使用"电阻法"检修时，切记要断电检修。

⑧ 该机床电气设备维修过程中切勿因台面磁力不足而肆意短接常开触头（K11、K12），必须查明磁力不足原因，及时进行修复，否则将造成严重事故。

⑨ 更换断路器及热继电器时要严格按要求选用，不能过大或过小，以免损坏相应电器元件。

⑩ 电器箱内及分装在机床各部位的电器元件应保持清洁，定时检查，如发现有异常情况应及时查明修复。

相关知识

一、概述

该机床系采用砂轮周边磨削工件平面的机床，亦可使用砂轮的端面磨削工件垂直面。按工件的不同可将其吸牢在电磁吸盘上或直接固定在工作台上，亦可用其他夹具夹持磨削。该机床主要部件运动的特点如下：

工作台纵向运动为液压驱动；磨头在拖板上的横向运动为液压驱动，亦可手动，并有自动互锁装置；拖板（连同磨头）在立柱上，上、下垂直运动具有手动进给和自动快速升降功能，并有机械互锁装置；升降丝杆为滚珠丝杆，操纵轻便灵活。

二、电气系统分析

1. 主电路分析

主电路由一台主轴电机 M1，一台水泵电机 M2，一台油泵电机 M3，一台主轴快速升降电机 M4 组成。FR1、FR2、FR3、FR4 分别对 M1、M2、M3、M4 进行过载保护。安全起见，该电路设有开门断电机构，开启电柜门时，电源开关 QF1 会自动切断电源，若要接通电源，必须关好电柜门后方能合闸。MY7132A 型平面磨床电气控制图——主电路图如图 5.29 所示。

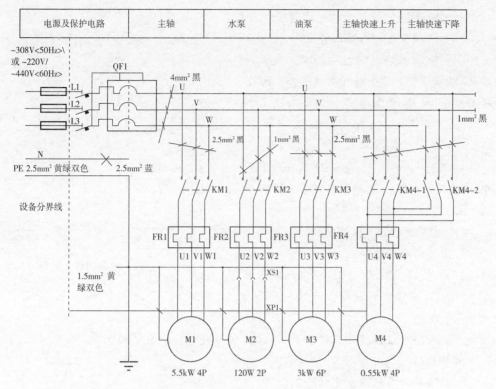

图 5.29 MY7132A 型平面磨床电气控制图——主电路图

2. 控制电路分析

MY7132A 型平面磨床控制电路图如图 5.30 所示。控制电路电源由控制变压器 TC1 提供，电压为 AC110V，该电路设有 FU2 熔断器作其短路保护。

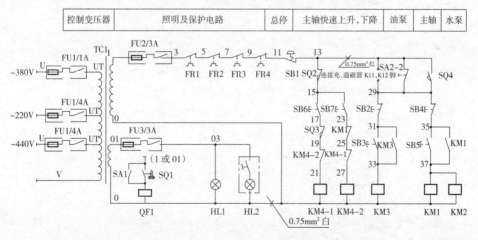

图 5.30 MY7132A 型平面磨床电气控制图——控制电路图

（1）开机前的准备

① 检查所使用的电源是否与电柜电气铭牌上的数据相符。

② 将吸盘选择开关拨至"O"位，电柜左侧的钥匙开关拨至"开"位，关好电柜

门，合上电源开关 QF1，此时电源指示灯点亮，机床可以启动。

（2）主轴和水泵的启动与停止

按下主轴和水泵启动按钮 SB5，交流接触器 KM1 和 KM2 线圈同时得电吸合。KM1 的辅助常开触头闭合自锁，同时 KM1 和 KM2 的主触头闭合，主轴电动机 M1 和水泵电动机 M2 得电旋转。

当按下 SB4 时，交流接触器 KM1 和 KM2 线圈同时释放。电动机 M1 和 M2 同时失电停止。

主轴和水泵的启动流程图如图 5.31 所示。

（3）油泵的启动与停止

按下油泵启动按钮 SB3，交流接触器

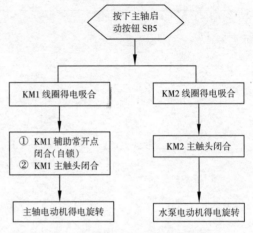

图 5.31　主轴和水泵的启动流程图

KM3 线圈得电吸合，其辅助常开触头闭合自锁，同时 KM3 的主触头闭合，油泵电动机 M3 得电旋转。

按下油泵停止按钮 SB2，接触器 KM3 的线圈失电，油泵电动机 M3 失电停止。

油泵的启动流程图如图 5.32 所示。

主轴与油泵的启动注意事项如下。

主轴、油泵分别与吸盘选择开关 SA2-2，充退磁器欠电流保护 K11、K12 端口联锁。当不使用吸盘时，主轴、油泵的控制电源由 SA2-2 接通，按下相应的启动与停止按钮，主轴、油泵即启动与停止。当使用吸盘时，SA2-2 常闭触头断开，此时要启动主轴和油泵必须满足如下两个条件之一。

①"工作台液压开/停手柄"必须打在"卸荷"位置，使行程开关 SQ4 常开触头接通。

②吸盘必须充磁工作（使充退磁控制器的 K11、K12 端接通）。当吸盘未充磁时，即使"工作台液压开/停手柄"

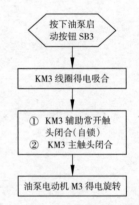

图 5.32　油泵的启动流程图

打在"卸荷"位置压合行程开关 SQ4，启动了主轴和油泵，而当"工作台液压开/停手柄"离开"卸荷"位置时，主轴和油泵又会自动停止。这样就避免因吸盘未充磁而进行磨削造成的危险。SQ4 的作用是当"工作台液压开/停手柄"打在"卸荷"位置，对磁力工作台进行充退磁装卸工件时，保持主轴和油泵能正常运转而不停机。

（4）磨头升降操作控制（图 5.33）

磨头升降有手动和自动两种工作状态，作手动时应将操作手轮中心手柄外拉，使啮合的齿轮脱开，联锁开关 SQ2 常闭触头（13—15）断开，此时摇动操作手轮，磨头即可慢速上下移动。若须作自动时，如图 5.29 所示，应先将操作手轮中心手柄推入，使齿轮啮合，同时联锁开关 SQ2 常闭触头（13—15）接通，此时按下磨头垂直快速上升按钮 SB6（15-17），交流接触器 KM4-1 线圈得电吸合，其主触头闭合，电动机 M4

得电正转，磨头快速上升。按下磨头垂直快速下降按钮 SB7（15—23），交流接触器 KM4-2 线圈得电吸合，其主触头闭合，电动机 M4 得电反转，磨头快速下降，SQ3（17—19）是磨头垂直快速上升的终点极限开关。磨头垂直快速下降时必须停止砂轮电动机（主轴电动机），否则只能手动进给。磨头升降操作流程如图 5.33 所示。

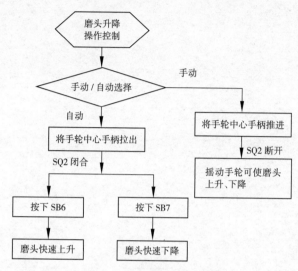

图 5.33　磨头升降流程图

（5）磁力工作台的充退磁操作

首先将"吸盘选择开关"（SA2）拨至 ∪ 位置，使用"吸盘充退磁选择开关"（SA3），即可对吸盘进行充退磁操作。充退磁控制器外部接线图如图 5.34 所示。

照明电路电源由控制变压器 TC1 提供，设计电压为 AC24V，该电路单独设有 FU3 熔断器作其短路保护。

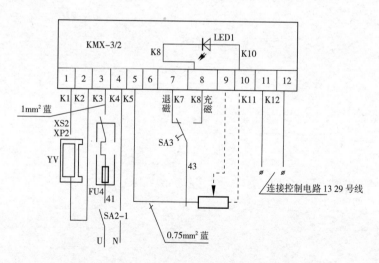

图 5.34　KMX-3/2 型充退磁控制器外部接线图

MY7132A 型平面磨床电气元件清单详见表 5.2，其连线示意图见图 5.35。

表 5.2 MY7132A 型电气元件清单

符 号	名 称	型号和规格	数 量	备 注
M1	主轴电动机	Y132M-4/B5 5.5kW4P	1	—
M2	水泵电动机	DB-25 0.12kW 2P	1	—
M3	油泵电动机	Y132S-6 3kW 6P	1	—
M4	快速升降电动机	YJ801-4 0.55kW 4P	1	—
FR1	主轴电动机热继电器	JRS2-12.5 （10~16A）	1	—
FR2	水泵热继电器	JRS2-12.5/Z（0.32~0.63A）	1	380V50Hz
FR3	油泵热继电器	JRS2-12.5/Z（6.3~10A）	1	380V50Hz
FR4	快速升降电动机热继电器	JRS2-12.5/Z（1.6~2.5A）	1	380V50Hz
KM1	主轴电动机接触器	CJX1-22/22 I_e=16A V_e=660V $V_{线}$=110V	1	—
KM2	主轴电动机接触器	CJX1-9/22 I_e=9A $V_{线}$=AC110V	1	—
KM3	主轴电动机接触器	CJX1-9/22 I_e=9A $V_{线}$=AC110V	1	—
KM4	主轴电动机接触器	CJX1-9/22 I_e=9A $V_{线}$=AC110V	1	—
QF1	电源开关	TG30 60A	1	—
TC1	控制变压器	JBK3-160 380V/110V （100VA）24V（60VA）	1	380V50Hz
SQ1	门开关	JWM6-11U_e=500VI_e=3A	1	—
SQ2	主轴手动与液动转换开关	LXW5-11W1/F	1	—
SQ3	主轴上升限位开关	LX12-2	1	—
SQ4	液压启动保护开关	LX12-2	1	—
XS1 XP1	水泵电源插头	YD20J/K4T/Z	1	—
XS2 XP2	吸盘电源插头	YD20J/K3T/Z	1	—
SB1	总停按钮	LAY3-11M/11 U_e=110V I_e=6A	1	—
SB2	油泵停止按钮	LAY3-11/1 U_e=110V I_e=6A	1	—
SB3	油泵启动按钮	LAY3-11/2 U_e=110V I_e=6A	1	—
SB4	主轴停止按钮	LAY3-11/1 U_e=110V I_e=6A	1	—
SB5	主轴启动按钮	LAY3-11/2 U_e=110V I_e=6A	1	—
SA1	钥匙开关	LAY3-11Y/Z U_e=110V I_e=6A	1	—
SA2	吸盘选择开关	KN3-3 U_e=110V I_e=6A	1	—
SA3	充退磁选择开关	LAY3-11X/33（黑） U_e=110V I_e=6A	1	—
HL1	指示灯	XD0-24V AC24V	2	—
HL2	指示灯	XD0-12V AC12V	2	—
FU1	小型断路器	DZ47-60211TH	1	—
FU2	小型断路器	DZ47-60231TH	1	—
FU3	小型断路器	DZ47-60231TH	1	—
FU4	小型断路器	DZ47-60231TH	1	—
KMX-1.5/2	充退磁器	KMX-1.5/2	1	—
EL1	工作灯	HY8332.4 AC24V40W	1	—

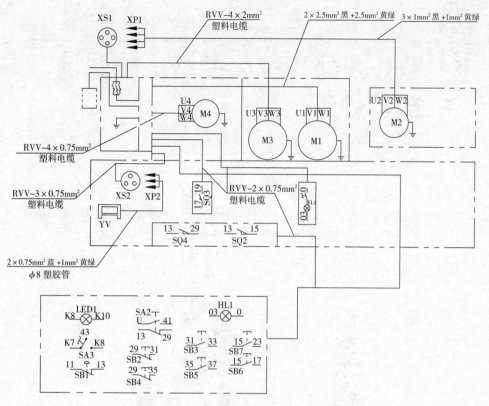

图 5.35　MY7132A 型平面磨床连线示意图

任务 3

T68 型卧式镗床控制系统调试、故障处理

场景描述

镗床（图 5.36）是一种精密加工机床，主要用来加工各种复杂和大型工件，如箱体零件、机体等，除了镗孔外，还可进行钻孔、扩孔、铰孔、车削内外螺纹、用丝锥攻丝、车外圆柱面和端面、用端铣刀或圆柱铣刀铣削平面等。镗床按用途不同，可分为卧式镗床、坐标镗床、金刚镗床及专门化镗床等。

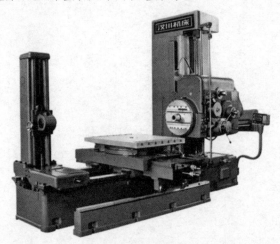

图 5.36　镗床外形图

本任务通过教师或者镗床操作人员现场示教如何简单操作 T68 型卧式镗床，使学生能够了解机床的机械结构和电气控制特点，并能在教师的指导下在 T68 型卧式镗床上进行故障的判断和排除故障的训练。

任务目标

技能点：① 正确使用常用电工仪表。

② 检修和调试典型低压电器。

③ 检修和调试 T68 型卧式镗床电气控制线路。

④ 分析、判断和处理 T68 型卧式镗床电气控制线路故障。

知识点：T68 型卧式镗床电气控制线路的工作原理。

工作任务流程

本任务工作流程如图 5.37 所示。

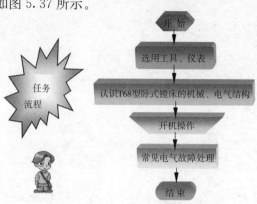

图 5.37　工作任务流程图

实践操作

一、安全操作规程

① 工件的安置，应使工作台受力均匀，毛坯面不准直接放到工作台面上，装夹用的垫板、压杆等必须平正。

② 拆卸带锥度的刀具时，须用标准楔冲下，不准用其他工具随意敲打。

③ 使用镗杆制动装置时，应在镗杆惯性转速降低后再进行。

④ 不准同时作两个以上的机构运动，如主轴箱升降时，不准移动镗杆。

⑤ 不准用机动对刀，当刀具快接近工件时，应改为手动。

⑥ 使用花盘径向刀架作径向进给时，镗杆应退回主轴箱内，同时径向刀架不准超出极限。

⑦ 机床上的光学装置或精密刻度尺，应小心使用，目镜用后应将盖子盖住，保持目镜和刻度尺清洁。不准用一般布料和不清洁的擦料擦拭，不准任意拆卸和调正光学装置和刻度尺。

⑧ 在主轴旋转时，主轴与主轴套筒的间隙随温升而缩小，操作时要特别注意，若主轴移动困难时，必须立即停车，待一段时间湿度下降间隙恢复增大后再工作。

⑨ 严禁利用工作台面或落地镗床的大平台面，进行其他作业如校正工件、焊接工件等。

⑩ 将工作台放在中间位置，镗杆退回主轴内。

⑪主变速手柄及走刀变速手柄未扳转到 180°时，不准回转手柄。当主轴降到最低转数时，方准将手柄推下。

⑫将工作台回转 90°时，不准用力过大撞击定位挡铁。

二、认识 T68 型卧式镗床的机械、电气结构

在教师或者 T68 型卧式镗床操作工的指导下熟悉 T68 卧式镗床的机械结构、电气结构和运动形式。

1. T68 卧式镗床的机械结构

卧式镗床主要由床身、镗头架、前后立轴、工作台、滑座和尾座等组成，如图 5.38 所示。

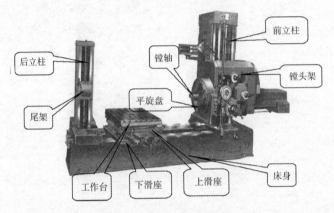

图 5.38　卧式镗床外形图

床身由整体的铸件制成，在它的一端装有固定不动的前立柱，在前立柱的垂直导轨上装有镗头架（图 5.39），它可上下移动，并由悬挂在前立柱空心部分内的对重来平衡，在镗头架上集中了主轴部件、变速箱、进给箱与操纵机构等。切削刀具安装在镗轴前端的锥孔里，或装在平旋盘的刀具滑座上。在工作过程中，镗轴一面旋转，一面

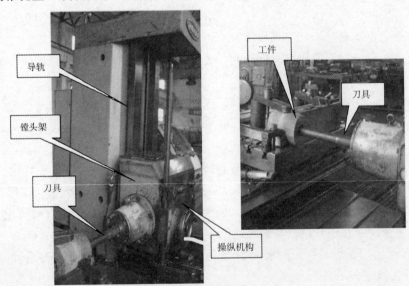

图 5.39　卧式镗床的镗头架

沿轴向做进给运动。平旋盘只能旋转，装在它上面的刀具滑座可在垂直于主轴轴线方向的径向做进给运动，平旋盘主轴是空心轴，镗轴穿过其中空部分，通过各自的传动链传动，因此可独立转动。在大部分工作情况下使用镗轴加工，只有在用车刀切削端面时才使用平旋盘。

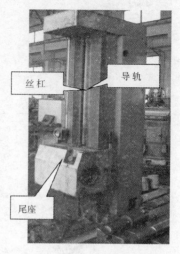

图 5.40　卧式镗床的后立柱

后立柱（图 5.40）上的尾架用来夹持装夹在镗轴上的镗杆的末端，它可以随镗头架同时升降，因而两者的轴心线始终在同一直线上。后立柱可沿床身导轨在镗轴轴线方向上调整位置。

安装工件的工作台安放在床身中部的导轨上，它由下滑座、上滑座与工作台组成（图 5.41），其下滑座可沿床身导轨作纵向移动，上滑座可沿下滑座上的导轨作横向移动，工作台相对于上滑座可回转。这样，配合镗头架的垂直移动，工作台的横向、纵向移动和回转，就可加工工件上一系列与轴心线相互平行或垂直的孔。

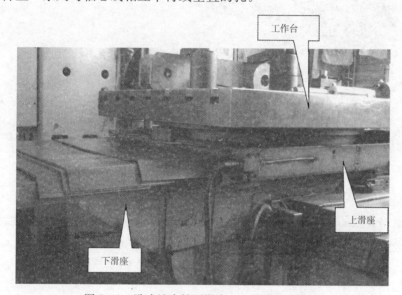

图 5.41　卧式镗床的下滑座、上滑座与工作台

2.T68 型卧式镗床的电气结构

镗床电气结构部件如图 5.42 所示。

T68 型卧式镗床的电气控制主要由按钮开关、操作手柄、行程开关、电气控制电路及电动机等部分组成。

其中，主轴电动机正反转启动由正、反转启动按钮 SB2、SB3 控制，主轴电动机正反转点动由按钮 SB4、SB5 控制，主轴电动机停止由按钮 SB1 控制。

主轴在运行中需要变速，可将主轴变速操纵手柄拉出，相应行程开关控制电动机通电状态，待调整完转速后，再将主轴变速操纵手柄推回，电动机将按照变速后的新转速进行工作。

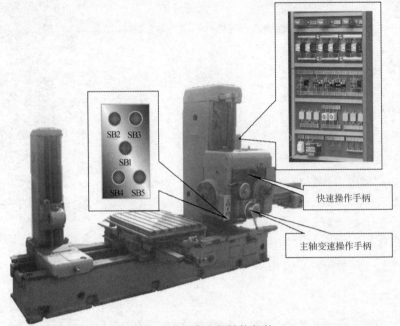

图 5.42　镗床电气结构部件

镗头架和工作台做各种快速移动，运动部件及其运动方向的预选由装设在工作台前方的操纵手柄进行，而控制则用镗头架上的快速操作手柄控制。当扳动快速操作手柄时，将压合行程开关实现 M2 的正转（或反转），再通过相应的传动机构使运动部件按选定方向作快速移动。当快速移动操作手柄复位时，行程开关不再受压，M2 停止旋转，快速移动结束。

3. T68 型卧式镗床的运动形式和控制要求

卧式镗床有主运动、进给运动和辅助运动等三种运动形式。

主运动是镗轴的旋转运动与平旋盘的旋转运动；进给运动包括镗轴的轴向进给、平旋盘刀具滑座的径向进给、镗头架的垂直进给、工作台的横向进给与纵向进给；辅助运动包括工作台的回转、后立柱的轴向移动及尾架的垂直移动。

卧式镗床的拖动特点及控制要求：

① 主轴应有较大的调速范围，且要求恒功率调速，一般采用机电联合调速；

② 变速时，为使滑移齿轮顺利进入正常啮合位置，应有低速或断续变速冲动；

③ 主轴能做正反转低速调整，要求主轴电动机实现正反转；

④ 为使主轴迅速、准确停车，主轴电动机应具有电气制动；

⑤ 由于进给运动直接影响切削量，而切削量又与主轴转速、刀具、工件材料、加工精度等因素有关，所以一般卧式镗床主运动与进给运动由一台电动机拖动，由各自传动链传动；

⑥ 主轴和工作台除工作进给外，为缩短辅助时间，还应有快速移动，由另一台快速移动电动机拖动；

⑦ 由于镗床运动部件较多，应设置必要的联锁与保护，并使操作尽量集中。

三、T68 型卧式镗床的各种工作状态和操作方法

在教师或者 T68 卧式镗床操作工的指导下试操作 T68 卧式镗床，了解 T68 卧式镗床的各种工作状态和操作方法。

1. 开车前准备

① 按照加工需要，选择好主轴转速和进给量。
② 调整主轴箱和工作台位置，保证限位用行程开关闭合。
③ 合上电源开关，引入电源。

2. 主轴电动机控制

（1）主轴电动机的正反转启动控制

主轴电动机正反转启动由正、反转启动按钮 SB2、SB3 控制，另设有主轴高、低速选择开关。

以主轴电动机正转启动为例，按下正转启动按钮 SB2，主轴低速运转时，将速度选择手柄置于低速挡，电动机即可正向低速启动运转。主轴高速运转控制，将主轴变速手柄置于高速挡，主轴电动机由低速自动换接成高速。如需反转控制，按下 SB3，电动机即可反向启动。

（2）主轴电动机的点动控制

主轴电动机由正反转点动按钮 SB4、SB5 控制，实现低速点动调整。点动按钮松开后，电动机自然停车，若此时电机转速较高，则可按下停止按钮 SB1，但要按到底，以实现反接制动，实现迅速停车。

（3）主轴电动机的停车与制动控制

主轴电动机在运行中，按下停止按钮 SB1，可实现主轴电动机的停止并反接制动（将 SB1 务必按到底）。以主轴电动机运行在低速正转状态为例，当停车时，按下 SB1，于是主轴电动机定子串入限流电阻进行反接制动。若主轴电动机已运行在高速正转状态，当按下 SB1 后，主轴电动机串入限流电阻，接成三角形，进行反接制动，直至速度继电器触头释放，反接制动结束，以后自由停车至零。

（4）主轴变速与进给变速控制

T68 型镗床主运动与进给运动速度变换，是通过"变速操纵盘"改变传动链的传动比来实现的。它可在主轴与进给电机未启动前预选速度，也可在运行中进行变速。下面以主轴变速为例说明其变速控制。

① 变速操作过程。主轴变速时，首先将"变速操纵盘"上的操纵手柄拉出，然后转动变速盘，选好速度后，将变速操纵手柄推回。在拉出或推回变速操纵手柄的同时，与其联动的主轴变速时自动停车与启动开关和主轴变速齿轮啮合冲动开关相应动作。

② 主轴运行中的变速控制过程。主轴在运行中需要变速，可将主轴变速操纵手柄拉出，使电动机定子串入电阻 R 进行反接制动。若电动机原运行在低速挡，电动机接

成三角形串入 R 进行反接制动；若电动机原运行在高速挡，则此时将双星形接法换接成三角形接法，串入 R 进行反接制动。

然后转动变速操纵盘，转至所需转速位置，速度选好后，将变速操纵手柄推回原位，若此时因齿轮啮合不上变速手柄推不上时，电动机反复启动，转速在 40～120 r/min分范围内重复动作，直至齿轮啮合后，方能推合变速操纵手柄，变速冲动才告结束。手柄推合后，主轴电动机自行启动，拖动主轴在新选定的转速下旋转。

（5）镗头架、工作台快速移动控制

由快速电动机 M2 经传动机构拖动镗头架和工作台做各种快速移动。运动部件及其运动方向的预选由装设在工作台前方的操纵手柄进行，而控制则用镗头架上的快速操作手柄控制。当扳动快速操作手柄时，实现 M2 的正转（或反转），再通过相应的传动机构使运动部件按选定方向作快速移动。当快速移动操作手柄复位时 M2 停止旋转，快速移动结束。

四、T68 型卧式镗床电气线路常见故障分析及检修

1. T68 型卧式镗床故障现象及原因分析

T68 型卧式镗床的工作环境比较恶劣，某些主要电器设备和元件的密封很困难，同时工作频繁、结构复杂，因此维修不方便。T68 型卧式镗床常见故障现象及原因见表 5.3。

表 5.3　T68 型卧式镳床常见故障现象及原因

故障现象	原　因
主轴实际转速比变速盘指示转速多 1 倍或少一半	主轴是依靠电气、机械变速来获得 18 种速度的，主轴电动机高、低速的转换则通过与高低速选择手柄联动的行程开关 SQ3 来控制。SQ3 安装在主轴变速操纵手柄旁，当主轴变速机构转动时，将推动撞钉，再由撞钉去推动簧片去压合 SQ3，实现 SQ3 触头的通与断。所以在安装调整时，应使撞钉动作与变速盘指示转速相对应。否则出现主轴实际转数比变速盘指示数多 1 倍或少一半的情况
主轴电动机只有高速而无低速，或只有低速而无高速	常见的有时间继电器 KT 不动作；或因行程开关 SQ3 安装位置移动，造成 SQ3 始终处于接通或断开的状态。若 SQ3 常通，则主轴电动机只有高速，否则只有低速
主轴变速后推上变速操纵手柄，主轴电动机无变速冲动，或运行中进行变速，变速完成后主轴电动机不能自行启动	主要原因是行程开关 SQ3 或 SQ5 安装不牢、位置偏移、触头接触不良等，甚至有时因开关 SQ3 绝缘性能差，SQ3 触头发生短路
主轴电动机电源进线接错	这种故障常在机床安装接线后进行调试时产生。其故障现象常见的有两种：一是电动机不能启动，发出类似缺相运行时的"嗡嗡"声并熔体熔断；二是电动机高速运行时的转向与低速时相反。产生上述故障的原因常见的是，前者误将电动机接线端子 1U1、1V1、1W1 与线端 1U2、1V2、1W2 互换，使 M1 在三角形接法时，把三相电源从 1U2、1V2、1W2 引入，而在双星形接法时，把三相电源从 1U1、1V1、1W1 引入，将 1U2、1V2、1W2 短接所致；而后者误将三相电源在高速和低速运行时，都接成同相序所致

2. T68 型卧式镗床电气控制线路的检修

（1）工具与仪表

① 工具：电工常用工具。

② 仪表：MF47 型万用表、500V 兆欧表、钳形电流表。

（2）实训过程

① 在教师指导下，熟悉 T68 型卧式镗床的结构和各种操作控制及注意事项。

② 在教师指导下，对照 T68 型卧式镗床电气控制线路，搞清电器元件的安装位置及走线情况，明确各电器元件的作用。

③ 在 T68 型卧式镗床上人为设置故障点，由教师示范检修。

④ 由教师设置让学生事先知道的故障点，指导学生如何从故障现象着手进行分析，逐步引导学生掌握正确的检修步骤和检修方法。

⑤ 教师设置故障点，由学生检修。要求如下：

a. 学生通过通电试车仔细观察故障现象，进行认真分析，并在电路图中标出最小故障范围；

b. 采用电压测量法或电阻测量法在故障范围内找出故障点并修复；

c. 排除故障时，必须修复故障点，不得采用元件代换法、借用触头及更改线路的方法；

d. 排除故障的思路应清晰，检查方法应得当。

（3）注意事项

① 要掌握双速电动机的接线方法并了解其变速原理。

② 参观、检修必须在 T68 型卧式镗床停止工作且切断电源时进行，不准带电操作。

③ 不具备在 T68 型卧式镗床上训练的条件时，可在模拟盘上进行电气故障的检修练习，着重培养学生掌握检修故障的基本思路和方法。

④ 检修时，应有指导教师在现场监护，并及时做好实习记录。

相关知识

一、T68 型卧式镗床电气控制线路分析

1. 电气控制线路组成

T68 型卧式镗床电气控制线路如图 5.43 所示。

主轴电动机 M1 为主轴与进给电动机，是一台 4/2 极的双速电动机，绕组接法为三角形/双星型（△/YY），通过变速箱等传动机构带动主轴及平转盘及润滑泵转动。M1 由五只接触器控制，其中 KM1、KM2 为电动机正、反转接触器，KM3 为制动电阻短接接触器，KM4 为低速运转接触器，KM5 为高速运转接触器（KM5 是一只双线圈接触器或由两只接触器并联使用）。主轴电动机正反转停车时，均由速度继电器 KS 控制实现反接制动，为减小制动电流和机械冲击，M1 在制动、点动及主轴变速冲动控制时串入限流电阻；另外还设有短路保护和过载保护。

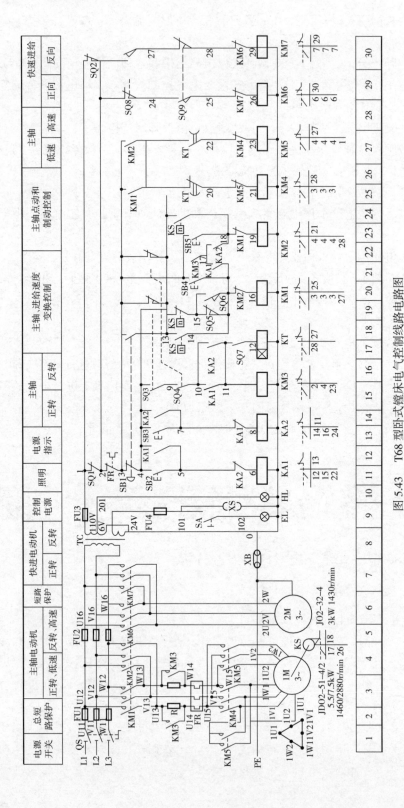

图 5.43　T68 型卧式镗床电气控制线路电路图

快速进给电动机 M2 由接触器 KM6、KM7 实现正反转控制，设有短路保护。因快速移动为点动控制，所以 M2 为短时运行，无须采用热继电器进行过载保护。

2. 开车前准备

① 选择好主轴转速和进给量。

② 调整主轴箱和工作台位置，保证行程开关 SQ1 和 SQ2 的常闭触头均处于闭合状态。

③ 合上电源开关 QS，引入电源，通电指示灯 HL 亮。合上照明开关 SA，局部工作照明灯 EL 亮。

3. 主轴电动机控制

（1）主轴电动机的正反转启动控制

主轴电动机正反转启动控制环节由正、反转启动按钮 SB2、SB3，中间继电器 KA1、KA2 和正反转接触器 KM1、KM2 等组成，另设有主轴高、低速选择开关 SQ3。

主轴低速运转时（三角形接法，1460r/min），将速度选择手柄置于低速挡，此时与速度选择手柄有联动关系的行程开关 SQ3 不受压，SQ3 触头（4—9）断开，SQ3 触头（3—13）闭合，SQ5 触头闭合。主轴高速运转时（双星形接法，2880r/min），将速度选择手柄置于高速挡，经联动机构将行程开关 SQ3 压下，SQ3 触头（4—9）闭合，SQ3 触头（3—13）断开，SQ5 触头断开，SQ7 触头闭合。

以主轴电动机正转启动为例，按下正转启动按钮 SB2，中间继电器 KA1 吸合。

主轴低速运转时，SQ3 触头（4—9）断开，接触器 KM3 吸合，KM3（4—7）闭合，使 KM1、KM4 通电吸合，电动机即可正向低速启动运转。

主轴高速运转控制，将主轴变速手柄置于高速挡，SQ7 受压闭合，在 KM3 通电的同时，时间继电器 KT 也通电。于是，电动机 M1 在低速三角形接法启动并经一定时限后，因 KT 通电延时断开的 KT 触头（1320）断开，使 KM4 断电；KT 触头（13—22）延时闭合，使 KM5 通电吸合。从而使电动机 M1 由低速三角形接法自动换接成高速双星形接法，构成了双速电动机高速运转启动时的加速控制环节，即电动机按低速启动再自动换接成高速运转的自动控制。

如需反转控制，按下 SB3，继电器、接触器通电顺序为 KA2→KM3→KM2→KM4，电动机即可反向启动。

（2）主轴电动机的点动控制

主轴电动机由正反转点动按钮 SB4、SB5，接触器 KM1、KM2 和低速接触器 KM4 构成正反转低速点动控制环节，实现低速点动调整。点动控制时，由于 KM3 未通电，所以电动机串入电阻接成三角形接法低速启动。点动按钮松开后，电动机自然停车，若此时电机转速较高，则可按下停止按钮 SB1，但要按到底，以实现反接制动，实现迅速停车。

（3）主轴电动机的停车与制动控制

主轴电动机 M1 在运行中，按下停止按钮 SB1，可实现主轴电动机的停止并反接制动（当将 SB1 按到底时）。由 SB1、KS、KM1、KM2 和 KM3 构成主轴电动机正反转反接制动控制环节。

以主轴电动机运行在低速正转状态为例，此时 KA1、KM1、KM3、KM4 均通电吸合，速度继电器 KS 触头（13—18）闭合、为正转反接制动做准备。当停车时，按下 SB1，SB1 触头（3—4）断开，使 KA1、KM3 断电释放，KA1 触头（13—15）、KM3 触头（4—17）断开，使 KM1 断电，切断了主轴电动机正向电源。而 SB1 触头（3—13）闭合，经 KS（13—18）触头使 KM2 通电，KM2 触头（3—13）闭合，使 KM4 通电，于是主轴电动机定子串入限流电阻进行反接制动。当电动机转速降低到 KS 释放值时，KV 触头（13—18）释放，使 KM2、KM4 相继断电，反接制动结束，M1 自由停车至零速。

若主轴电动机已运行在高速正转状态，当按下 SB1 后，立即使 KA1、KM3、KT 断电，再使 KM1 断电，KM2 通电，同时 KM5 断电，KM4 通电。于是主轴电动机串入限流电阻，接成三角形，进行反接制动，直至 KS 释放，反接制动结束，以后自由停车至零速。

停车操作时，务必将 SB1 按到底，否则将无反接制动，只是自由停车。

（4）主轴变速与进给变速控制

① 变速操作过程。主轴变速时，首先将"变速操纵盘"上的操纵手柄拉出，然后转动变速盘，选好速度后，将变速操纵手柄推回。在拉出或推回变速操纵手柄的同时，与其联动的行程开关 SQ3（主轴变速时自动停车与启动开关）、SQ5（主轴变速齿轮啮合冲动开关）相应动作，在手柄拉出时开关 SQ3 不受压，SQ5 受压。推上手柄时压合情况正好相反。

② 主轴运行中的变速控制过程。主轴在运行中需要变速，可将主轴变速操纵手柄拉出，这时与变速操纵手柄有联动关系的行程开关 SQ3 不再受压，SQ3 触头（4—9）断开，KM3、KM1 断电，将限流电阻串入 M1 定子电路；SQ3 触头（3—13）闭合，且 KM1 已断电释放，于是 KM2 经 KS（13—18）触头而通电吸合，使电动机定子串入电阻 R 进行反接制动。若电动机原运行在低速挡，则此时 KM4 仍保持通电，电动机接成三角形串入 R 进行反接制动；若电动机原运行在高速挡，则此时将双星形接法换接成三角形接法，串入 R 进行反接制动。

然后，转动变速操纵盘，转至所需转速位置，速度选好后，将变速操纵手柄推回原位，若此时因齿轮啮合不上变速手柄推不上时，行程开关 SQ5 受压，SQ5 触头闭合，KM1 经 KS 触头（13—18）、SQ3 触头（13—3）接通电源，同时 KM4 通电，使主轴电动机串入 R、接成三角形低速启动，当转速升到速度继电器动作值时，KS 触头（13—15）断开，使 KM1 断电释放；KS 触头（13—18）闭合，使 KM2 通电吸合，对主轴电动机进行反接制动，使转速下降。当速度降至速度继电器释放值时，KS 触头（13—18）断开，KS 触头（13—15）闭合，反接制动结束。变速时，若因齿轮卡住手柄推不上，此时，因 SQ5 常闭触头已处闭合状态和速度继电器 KS 常闭触头（13—15）也已恢复闭合，使接触器 KM1、KM4 线圈相继通电吸合，电动机在低速状态下串电阻又启动起来。当转速升到接近 120r/min 时，KS（13—15）又断开，KM1、KM4 线圈失电释放电动机，M1 又断电停转。当转速降到约 40r/min 时，KS（13—15）再次闭合，KM1、KM4 再次吸合，电动机 M1 再次启动，使电动机 M1 的转速在 40～120r/min 范围内重复动作，直至齿轮啮合后，方能推合变速操纵手柄，变速冲动才告结束。手柄推合后，压下 SQ3，而 SQ5 不再受压，上述变速冲动才结束，变速过程才完成。此时由 SQ5 触头切断上述瞬动控制电路，而 SQ3 触头（4—9）闭合，使 KM3、KM1 相继通电吸合，主轴电动机自行启动，拖动主轴在新选定的转速下旋转。

至于在主轴电动机未启动前预选主轴速度的操作方法及控制过程与上述完全相同，不再复述。

T68 卧式镗床进给变速控制与主轴变速控制相同。它是由进给变速操纵盘来改变进给传动链的传动比来实现的。

（5）镗头架、工作台快速移动控制

由快速电动机 M2 经传动机构拖动镗头架和工作台做各种快速移动。运动部件及其运动方向的预选由装设在工作台前方的操纵手柄进行，而控制则用镗头架上的快速操作手柄控制。当扳动快速操作手柄时，将压合行程开关 SQ8（或 SQ9），接触器 KM6（或 KM7）通电，实现 M2 的正转（或反转），再通过相应的传动机构使运动部件按选定方向作快速移动。当快速移动操作手柄复位时，行程开关 SQ8（或 SQ9）不再受压，KM6（或 KM7）断电释放，M2 停止旋转，快速移动结束。

（6）机床的联锁保护

T68 卧式镗床具有较完善的机械和电气联锁保护。如当工作台或镗头架自动进给时，不允许主轴或平旋盘刀架进行自动进给，否则将发生事故，为此设置了两个联锁保护行程开关 SQ1 和 SQ2。其中 SQ1 是与工作台和镗头架自动进给手柄联动的行程开关，SQ2 是与主轴和平旋盘刀架自动进给手柄联动的行程开关。将 SQ1、SQ2 动断触头并联后串接在控制电路中，若扳动两个自动进给手柄，将使触头 SQ1 与 SQ2 断开，切断控制电路，使主轴电动机、快速移动电动机均不能启动或运转，实现联锁保护。

T68 型卧式镗床主要电器元件明细见表 5.4。

表 5.4 T68 型卧式镗床主要电器元件明细表

代 号	名 称	型 号	数 量	备 注
1M	主轴电动机	JD02-51-4/2、5.5/7.5kW	1	1460/2880r/min、D2
2M	快速进给电动机	J02-32-4.3kW、1430r/min	1	D2
R	电阻器	ZB2-0.9、0.9Ω	1	—
QS	组合开关	HZ2-60/3、60A、三极	1	—
SA	组合开关	HZ2-10/3、10A、三极	1	—
QS1	行程开关	LX1-11H	1	
QS3～QS6	行程开关	LX1-11K	4	
QS7	行程开关	LX5-11	1	
QS8～QS9	行程开关	LX3-11K	2	
QS2	行程开关	LX1-11K	1	

代　号	名　称	型　号	数　量	备　注
SB1～SB5	按钮	LA2、380V　5A	5	—
KS	速度继电器	JY-1、500V　2A	1	—
KA1、KA2	中间继电器	JZ7-44、110V、50Hz	2	—
FU1	熔断器	RL1-60/40	3	熔体40A
FU2～FU4	熔断器	RL1-15/15.4	5	熔体15A，3只、4A2只
KM1、KM2	接触器	CJ0-40、110V、50Hz	2	—
KM4、KM5	接触器	CJ0-40、110V、50Hz	2	—
KM6、KM7	接触器	CJ0-20、110V、50Hz	2	—
KM3	接触器	CJ0-20、110V、50Hz	1	—
KT	时间继电器	JS7-2A、110V、50Hz	1	—
TC	控制变压器	BK-300、380V/110V、24V、6V	1	—
FR	热继电器	JR0-10/3D、16A	1	—
XS	插座	T型	1	—
EL	工作灯	K-1	1	螺口24V、40W
HL	指示灯	DX1-0	1	6V、0.14A灯泡

任务 4

20/5t 型桥式起重机控制系统调试、故障处理

场景描述

　　起重机广泛适用于现代厂房、安装工地和集装箱货场及室内外仓库完成装卸和运输作业，它在地面很高的轨道上运行，占地面积较小，并能保证在几乎整个厂房面积内服务，省工省力省时，是现代厂房、仓库必不可少的装卸搬运设备。

　　本任务通过教师或者桥式起重机操作人员现场示教如何简单操作桥式起重机，使学生能够了解本设备的机械结构和电气控制特点，并能在教师的指导下在本设备上进行故障的判断和排除故障的训练。20/5t 型桥式起重机如图 5.44 所示。

图 5.44　20/5t 型桥式起重机

任务目标

　　技能点：① 正确使用常用电工仪表。

　　　　　　② 检修和调试典型低压电器。

　　　　　　③ 检修和调试 20/5t 型桥式起重机电气控制线路。

　　　　　　④ 分析、判断和处理 20/5t 型桥式起重机电气控制线路故障。

　　知识点：20/5t 型桥式起重机电气控制线路的工作原理。

工作任务流程

本任务流程如图 5.45 所示。

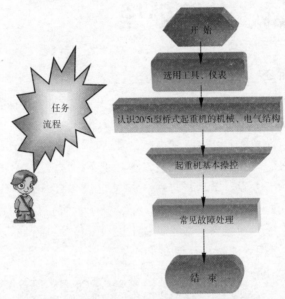

图 5.45　工作任务流程图

实践操作

一、安全操作规程

① 工作前严禁饮酒。

② 不准带无关人员上车。

③ 开车前先检查机械、电气、安全装置是否良好；车上有无可碰、卡、挂现象；确认一切正常，打铃告警后，再送电试车。

④ 操作中要始终做到稳起、稳行、稳落。在靠近邻车或接近人时必须及时打铃告警。

⑤ 吊运物品坚持"三不越过"。

⑥ 运行时，任何人发出停车信号均应立即停车。

⑦ 操作带翻、游翻、兜翻时应在安全地方进行。

⑧ 起吊重物时，距地面距离不许超过 0.5m。

⑨ 吊运接近额定负荷时，应升至 100mm 高度停车检查刹车能力。

⑩ 吊运过程中，不允许同时操作三个机构（即大车、小车、卷扬不能同时动作）。

⑪正常情况下不准打反车。

⑫严禁使用两台起重量不同的起重机共吊一物。用两台起重能力相等的起重机共吊一物时，应采取使两台起重机均能保持垂直起重措施，其吊物重量加吊具重量之和的不准超过两台起重机起重能力总和的80%。且须总工程师或其指派的专人在场指挥，方能起吊。

⑬上下车时需由梯子平台通过。不准从一台车爬至另一台车。不准沿轨道行走。

⑭车上不准堆放活动物或其他物品，工具应加以固定。

⑮同一跨轨道上有两台以上吊车时，不准相互推车碰撞。

⑯吊钩不载荷运行时，应升至一人以上高度。

⑰露天起重机作业完毕后应加以固定。

⑱在处理故障或离车时，控制器必须放于零位，切断电源。不准悬挂重物离开车。下班时把小车停于驾驶室一端，吊钩升至规定高度。

⑲认真填写交接班记录，特别是不安全因素必须交代清楚。

二、认识桥式起重机的机械结构，电气结构

桥式起重机的桥架沿铺设在两侧高架上的轨道纵向运行，起重小车沿铺设在桥架上的轨道横向运行，可以充分利用桥架下面的空间吊运物料，不受地面设备的阻碍。这种起重机广泛用在室内外仓库、厂房、码头和露天贮料场等处。桥式起重机可分为普通桥式起重机、简易梁桥式起重机和冶金专用桥式起重机3种。

本任务以20/5t型双钩桥式起重机为例分析桥式起重机的电气控制线路。图5.46为生产车间中常用的20/5t型桥式起重机，它是一种用来吊起或放下重物并使重物在短距离内水平移动的起重设备，俗称吊车、行车或天车。

司机室　　小车　　副钩　　主钩
图5.46　20/5t型桥式起重机

1.20/5t型桥式起重机主要机械结构和运动形式

桥式起重机的结构如图5.47所示，主要由起升机构［主钩（20t）、副钩（5t）］、运行机构（大车、小车）和司机室等部分组成。普通桥式起重机主要采用电力驱动，一般在司机室内操纵。

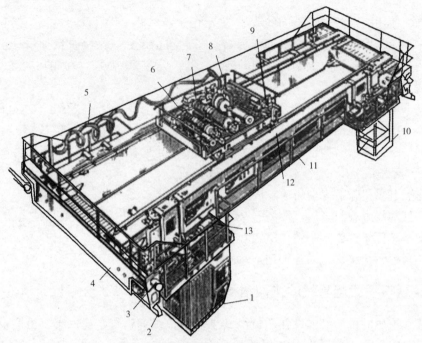

图 5.47 桥式起重机

1—司机室；2—大车轨道；3—缓冲器；4—大梁；5—电缆；6—副起升机构；7—主起升；8—起
重小车；9—小车运行机构；10—检修吊笼；11—走台栏杆；12—主梁；13—大车运行机构

桥式起重机的结构作用及组成见表 5.5。

表 5.5 桥式起重机的结构作用及组成

结　　构		作用及组成
起升机构		起升机构由电动机、减速器和传动轴、卷绕系统、取物装置、制动器及安全装置等组成。一般起重机只装配一套起升机构，当起重量大于 10t 时，为提高工作效率，常设主、副两套起升机构，副钩的额定起重量一般为主钩的 15%～20%。主钩用来提升重物，副钩除可提升轻物外，还可以协同主钩完成工件的吊运，但不允许主、副钩同时提升两个物件。当主、副钩同时工作时，物件的重量不允许超过主钩的额定起重量
运行机构	小车运行机构	小车运行机构为多集中驱动自行式结构，由电动机、减速机、联轴器和传动轴、制动器、车轮组和轨道，以及安全装置等组成。由于运行轨距较小，使用单轮线车轮，方钢或扁钢形状的钢轨直接铺设在金属结构上。采用立式减速机将驱动部分和行走车轮布置在起重小车上下两个层面上。小车安全装置有行程限位开关、缓冲器和轨道端部止挡，防止小车超行程运行脱轨
	大车运行机构	大车的轨道敷设在车间两侧的牛腿立柱上，可在轨道上纵向移动；大车上装有小车轨道，供小车横向移动；桥式起重机可以在大车能够行走的整个车间范围内进行起重运输。 　　大车运行机构按传动形式不同分为集中驱动和分别驱动两类。当起重机跨度小于 16.5m 时，可以采用集中驱动或分别驱动；跨度大于 16.5m 时，一律采用分别驱动。大车运行机构采用双轮缘车轮，驱动力靠主动车轮轮压与轨道之间的摩擦产生的附着力。因此，必须要进行主动轮的打滑验算，以确保足够的驱动力。 　　大车运行机构的安全装置有行程限位开关、缓冲器和轨道端部止挡。室外起重机必须配备夹轨器、扫轨板和支承架，以及暴露的活动零部件防护罩

结　构	作用及组成
司机室	司机室是金属结构的组成部分，提供司机操作所需要的作业空间。司机室内布置有操纵设备、司机座椅和成套的控制显示装置，应考虑为操作者创造良好的作业环境，使司机工作安全、舒适、高效。 司机室分类如下。 ① 按是否运动分类。它可分为固定式和移动式两类。桥架类型起重机的司机室一般是固定的，装在无滑线一侧的桥架上。操纵司机室也有移动式的，随小车一起运行，例如，大跨度的装卸桥、港口卸船机等的司机室，大多与起重小车连接在一起。 ② 按与外界的关系分类。它可分为敞开式和封闭式。对于无特殊要求、室温在 10～40℃的厂房内工作的司机室一般都制成敞开式的（图 a）；在有粉尘和有害气体的场所、露天以及高温车间工作的起重机，司机室一般制成封闭式的（图 b）。

2.20/5t 型桥式起重机主要电气结构

桥式起重机的大车（图 5.48）桥架跨度一般较大，两侧装置两个主动轮，分别由两台相同规格的电动机拖动，沿大车轨道纵向两个方向同速运动。小车（图 5.49）移动机构由一台电动机拖动，沿固定在大车桥架上的小车轨道向两个方向运动。主钩副钩升降各由一台电动机拖动（图 5.50）。

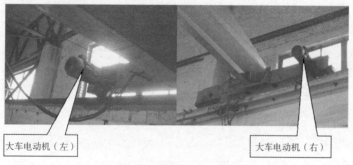

图 5.48　大车

图 5.49　小车

图 5.50　主钩、副钩升降电动机

整机线路由主电路和控制电路两部分组成。控制电路又分为凸轮控制器控制和主令控制器控制两种形式。

三、桥式起重机的基本操控

1. 准备阶段

在起重机投入运行前应当将所有凸轮控制器手柄置于零位，合上紧急开关，关好舱门和横梁栏杆门，使其安全开关处于闭合状态（图 5.51）。

2. 启动运行阶段

操作人员按下保护控制柜上的启动按钮，主接触器得电吸合，此时由于各凸轮控制器手柄均在零位，故电动机不会运转。

3. 大车、小车和副钩运行凸轮控制器的控制

桥式起重机的大车、小车和副钩电动机容量较小，一般采用凸轮控制器控制（图 5.52）。现以大车为例说明控制过程。由于大车为两台电动机同时拖动，故大车凸轮控制器控制电动机正反转（即大车的前进和后退）。（凸轮控制器的原理见知识扩展与链接。）

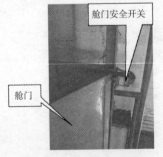

图 5.51　舱门安全开关　　　　　　图 5.52　凸轮控制器

合上电源总开关，使主接触器线圈得电运行。扳动大车运行凸轮控制器操作手柄向后位置 1，两电动机接通三相电源；同时电磁铁得电，使制动器放松，大车慢速向后运动。

扳动大车运行凸轮控制器操作手柄向后位置 2，电动机转速略有升高。当手柄置于位置 3 时，电动机转速进一步升高。大车运行凸轮控制器手柄从位置 2 循序转到位置 5 的过程中，控制触头依次闭合，电动机转速逐渐升高。

当大车运行凸轮控制器操作手柄扳至向前时，通过主触头将电动机电源换相，电动机反方向旋转。其他工作过程与向后完全一样。

由于断电或操作手柄扳至零位，电动机电源断电，电磁铁线圈断电，制动器将电动机制动。

小车和副钩的控制过程与大车相同。

4. 主钩主令控制器的控制

主钩电动机是桥式起重机容量最大的一台电动机，一般采用主令控制器（主令控制器的原理见知识扩展与链接）（图 5.53）。

主钩运行有升降两个方向，主钩上升控制与凸轮控制器的工作过程基本相似，区别在于它是通过接触器来控制的。

主钩下降控制：合上总电源开关、主钩电源开关，接通主电路和控制电路电源，主令控制器手柄置于零位，为主钩电动机启动控制做好准备。主钩下降

图 5.53 主令控制器

分六挡位置："J""1""2"挡为制动下降位置，防止在重载下降时速度过快，电动机处于反接制动运行状态，"3""4""5"挡为强力下降位置，主要用于轻负载时快速强力下降。主令控制器在下降位置时，六个挡次的工作情况如下。

（1）手柄扳到制动下降位置"J"挡

主令控制器手柄扳到制动下降"J"挡，制动器未释放，主钩电动机仍处于抱闸制动状态，迫使电动机不能启动旋转。这种操作常用于主钩上吊有很重的货物或工件，停留在空中或在空间移动时，因负载很重，防止抱闸制动失灵或打滑，所以使电动机产生一个向上的提升力，协助抱闸制动克服重负载所产生的下降力，以减轻抱闸制动的负担，保证运行安全。

（2）手柄扳到制动下降位置"1"挡

当主令控制器手柄扳至"1"挡时，若此时负载足够大，则在负载重力作用下电动机做反向（下降方向）旋转，电磁转矩成为反接制动力矩迫使重负载低速下降。

（3）手柄扳到制动下降位置"2"挡

当主令控制器手柄扳至"2"挡时，重负载下降速度比"1"挡时加快。这样，操作者可根据重负载情况及下降速度要求，适当选择"1"挡或"2"挡作为重负载合适的下降速度。

（4）手柄扳到强力下降位置"3""4""5"挡

"3""4""5"挡为强力下降挡，这时轻负载便在电动机下降转矩作用下强力下降。

负载重力作用较大使实际下降速度超过电动机同步转速时，由电动机运行特性可知，电磁转矩由驱动转矩转变为制动转矩，即发电制动，能起到一定的制动下降作用，保证下降速度不致太高。

四、20/5t 型桥式起重机电气线路常见故障分析

1. 20/5t 型桥式起重机常见故障现象及原因分析

因为桥式起重机的工作环境比较恶劣，某些主要电器设备和元件的密封很困难，同时工作频繁、结构复杂、维修也不方便。20/5t 桥式起重机常见故障现象及原因见表5.6。

表 5.6　20/5t 桥式起重机常见故障现象及原因

故障现象	原　因
合上空气开关 QS1 并按启动按钮 SB 后，主接触器 KM 不吸合	a. 线路无电压：熔断器 FU1 熔断； b. 紧急开关 QS4 或安全开关 SQc, SQd, SQe 未合上； c. 主接触器 KM 线圈断路； d. 各凸轮控制器手柄没在零位，则 SA1-7、SA2-7、SA3-7 触头分断； e. 过电流继电器 KI0～KI4 动作后未复位
主接触器 KM 吸合后，过电流继电器 KI0～KI4 立即动作	a. 凸轮控制器 SA1～SA3 电路接地； b. 电动机 M1～M4 绕组接地； c. 电磁铁 YA1～YA4 线圈接地
当电源接通扳动凸轮控制器手柄后，电动机不转动	a. 凸轮控制器主触头接触不良； b. 滑触线与集电刷接触不良； c. 电动机定子绕组或转子绕组断路； d. 电磁铁线圈断路或制动器未放松
扳动凸轮控制器后，电动机启动运转，但不能输出额定功率且转速明显减慢	a. 线路压降太大； b. 制动器未全部松开； c. 转子电路中的附加电阻未全部切除
凸轮控制器扳动过程中卡阻或扳不到位	a. 凸轮控制器动触头卡在静触头下面； b. 定位机构松动
凸轮控制器扳动过程中火花过大	a. 动、静触头接触不良； b. 控制容量过载
制动电磁铁线圈过热	a. 电磁铁线圈电压与线路电压不符； b. 电磁铁的牵引力过载； c. 电磁铁吸合后，动、静铁芯间的间隙过大； d. 制动器的工作条件与电磁铁线圈特性不符； e. 电磁铁铁芯歪斜或卡阻
电磁铁噪声大	a. 交流电磁铁短路环开路； b. 电磁铁过载，动、静铁心端面有油污； c. 磁路弯曲
主钩既不能上升又不能下降	a. 如欠电压继电器 KV 不吸合，可能是 KV 线圈断路，过电流继电器 KI5 未复位，主令控制器 SA4 零位联锁触头未闭合，熔断器 FU2 熔断； b. 如欠电压继电器吸合，则可能是自锁触头未接通； c. 主令控制器的触头 S2、S3、S4、S5 或 S6 接触不良，电磁铁线圈开路未松闸

2. 20/5t 桥式起重机电气控制线路的检修

（1）工具与仪表

① 工具：电工常用工具。

② 仪表：MF47 型万用表、500V 兆欧表、钳形电流表。

（2）实训过程

① 在教师指导下，熟悉 20/5t 型桥式起重机的结构和各种操作控制及注意事项。

② 在教师指导下，对照 20/5t 型桥式起重机电气控制线路，搞清电器元件的安装位置及走线情况，明确各电器元件的作用。

③ 在 20/5t 型桥式起重机上人为设置故障点，由教师示范检修。

④ 由教师设置让学生事先知道的故障点，指导学生如何从故障现象着手进行分析，逐步引导学生掌握正确的检修步骤和检修方法。

⑤ 教师设置故障点，由学生检修。要求如下：

a. 学生通过通电试车仔细观察故障现象，进行认真分析，并在电路图中标出最小故障范围；

b. 采用电压测量法或电阻测量法在故障范围内找出故障点并修复；

c. 排除故障时，必须修复故障点，不得采用元件代换法、借用触头及更改线路的方法；

d. 排除故障的思路应清晰，检查方法应得当。

（3）注意事项

① 由于是空中作业，必须严格遵守空中作业的规定，做好各种安全防护措施。检修时必须思想集中，确保人身安全。在起重机移动时不准走动，停车时走动也要手扶栏杆，以防发生意外。

② 检修前备好所需的全部工具，操作时手要握紧工具，防止工具坠落伤人。

③ 参观、检修必须在起重机停止工作且切断电源时进行，不准带电操作。

④ 不具备在起重机上训练的条件时，可在模拟盘上进行电气故障的检修练习，着重培养学生掌握检修故障的基本思路和方法。

相关知识

一、20/5t 型桥式起重机电气控制线路分析

电气控制原理图如图 5.54 所示。

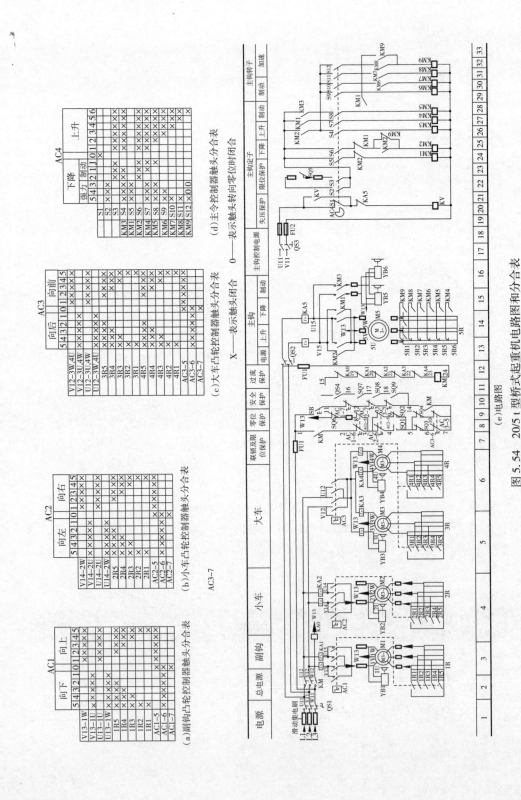

图 5.54　20/5 t 型桥式起重机电路图和分合表

1. 主接触器控制

主接触器线圈由一系列保护器件触头串联控制，主触头控制大车、小车及副钩电动机的总电源。

交流起重机电源由公共交流电网供电。由于起重机的工作是经常移动的，因此其与电源之间不能采用固定连接方式。对于小型起重机供电方式采用软电缆供电，随着大车或小车的移动，供电电缆随之伸展和叠卷。对于一般桥式起重机常用滑线和电刷供电。三相交流电源接到沿车间长度方向架设的三根主滑线上，再通过电刷引到起重机的电气设备上，首先进入驾驶室中保护盘上的总电源开关，然后再向起重机各电气设备供电。

20/5t 型桥式起重机在桥架的一侧装设了 21 根辅助滑触线，如图 5.54 所示，它们的作用分别如下。

① 用于主钩部分 10 根，其中 3 根（13、14 区）连接主钩电动机 M5 的定子绕组（5U、5V、5W）接线端；3 根（13、14 区）连接转子绕组与转子附加电阻 5R；2 根（15、16 区）用于主钩电磁抱闸制动器 YB5、YB6 与交流磁力控制屏的连接；另外 2 根（21 区）用于主钩上升行程开关 SQ5 与交流磁力控制屏及主令控制器 AC4 的连接。

② 用于副钩部分 6 根，其中 3 根（3 区）连接副钩电动机 M1 的转子绕组与转子附加电阻 1R；2 根（3 区）连接定子绕组（1U、1W）接线端与凸轮控制器 AC1；另 1 根（8 区）将副钩上升行程开关 SQ6 接到交流保护柜上。

③ 用于小车部分 5 根，其中 3 根（4 区）连接小车电动机 M2 的转子绕组与附加电阻 2R；2 根（4 区）连接 M2 定子绕组（2U、2W）接线端与凸轮控制器 AC2。

起重机的导轨及金属桥架应可靠接地。

起重机的控制和保护由交流保护柜（装在驾驶室内）和交流磁力控制屏（装在大车桥架上）控制。总电源由隔离开关 QS1 控制，由过电流继电器 KA0 实现过流保护。KA0 的线圈串联在公用相中，其整定值不应超过全部电动机额定电流总和的 1.5 倍，而过流继电器 KA1~KA5 的整定值一般整定在被保护电动机额定电流的 2.25~2.5 倍。各控制电路由熔断器 FU1、FU2 实现短路保护。

① 运行准备阶段：起重机设置了零位联锁保护，只有当所有的控制器的手柄都处于零位时，起重机才能启动运行，此时零位连锁触头 AC1-7、AC2-7、AC3-7（9 区）闭合。为了保障维修人员的安全，在驾驶室舱门上装有安全开关 SQ7（10 区）；在横梁两侧栏杆门上分别装有安全开关 SQ8、SQ9（10 区）；在保护柜上还装有一只单刀单掷的紧急开关 QS4（10 区）。由于上述开关均为串联，当驾驶室舱门或横梁栏杆门开启时，主接触器 KM 不能获电，起重机的所有电动机都不能启动运行。20/5t 型桥式起重机中共有五台电动机，其控制和保护电器见表 5.7。

表 5.7　20/5t 型桥式起重机中电动机的控制和保护电器

名称及代号	控制电器	过流和过载保护电器	终端限位保护电器	电磁抱闸制动器
大车电动机 M3、M4	凸轮控制器 AC3	KA3、KA4	SQ3、SQ4	YB3、YB4

名称及代号	控制电器	过流和过载保护电器	终端限位保护电器	电磁抱闸制动器
小车电动机 M2	凸轮控制器 AC2	KA2	SQ1、SQ2	YB2
副钩升降电动机 M1	凸轮控制器 AC1	KA1	SQ6（提升限位）	YB1
主钩升降电动机 M5	主令控制器 AC4	KA5	SQ5（提升限位）	YB5、YB6

② 启动运行阶段：合上电源开关 QS1，按下启动按钮 SB，主接触器 KM 得电吸合，KM 主触头闭合，使两相电源（U12、V12）引入各凸轮控制器。同时，KM 的两对辅助常开触头（7 区和 9 区）闭合自锁，主接触器 KM 的线圈得电。

2. 大车、小车及副钩控制

大车、小车和副钩的控制过程基本相同，下面以副钩为例，说明控制过程。

副钩凸轮控制器 AC1 的手轮共有 11 个位置，中间位置是零位，左、右两边各有 5 个位置，用来控制电动机 M1 在不同转速下的正、反转，即用来控制副钩的升降。

在主接触器 KM 得电吸合、总电源接通的情况下，转动凸轮控制器 AC1 的手轮至向上位置任一挡时，AC1 的主触头 V13-1W 和 U13-1U 闭合，电动机接通三相电源正转，副钩上升。反之将手轮扳至向下位置的任一挡时，AC1 的主触头 V13-1U 和 U13-1W 闭合。M1 反转，带动副钩下降。

当将 AC1 的手柄扳到 "1" 时，AC1 的五对辅助常开触头 1R1～1R5 均断开，副钩电动机 M1 的转子回路串入全部电阻启动，M1 以最低转速带动副钩运动。依次扳到 "2～5" 挡时，五对辅助常开触头 1R5～1R1 逐个闭合，依次短接电阻 1R5～1R1，电动机 M1 的电阻转速逐步升高，直至达到预定转速。

当断电或将手轮转至零位时，电动机 M1 断电，同时电磁抱闸制动器 YB1 也断电，M1 被迅速制动停转。当副钩带有重负载时，考虑到负载的重力作用，在下降负载时，应先把手轮逐级扳到 "下降" 的最后一挡，然后根据速度要求逐级退回升速，以免引起下降过快造成事故。

3. 主钩电动机的控制

主钩电动机是桥式起重机容量最大的一台电动机，为提高主钩电动机运行的稳定性，在切除转子附加电阻时，采取三相平衡切除，使三相转子电流平衡。

主钩运行有升降两个方向，主钩上升控制与凸轮控制器的工作过程基本相似，区别在于它是通过接触器来控制的。

主钩下降时与凸轮控制器的动作过程有较明显的差异。首先是准备阶段：合上开关 QS1（1 区）、QS2（12 区）、QS3（16 区）接通主电路和控制电路电源，主令控制器手柄置于零位，触头 S1（18 区）处于闭合状态，电压继电器 KV（18 区）线圈获电动作，其常开触头 KV（19 区）闭合自锁，为主钩电动机 M5 启动控制作好准备。主钩下降分六挡位置："J" "1" "2" 挡为制动下降位置，"3" "4" "5" 挡为强力下降位置。主令控制器在下降位置时，六个挡次的工作情况见表 5.8。

表 5.8 主钩电动机的工作情况

AC4 手柄位置	AC4 闭合触头	得电动作的接触器	主钩的工作状态
制动下降位置 "J" 挡	S3、S6、S7、S8	KM2、KM4、KM5	电动机 M5 按正序电压产生提升方向的电磁转矩，但由于 YB5、YB6 线圈未得电而仍处于制动状态，在制动器和载重的重力作用下，M5 不能启动旋转。此时，M5 转子电路接入四段电阻，为启动做好准备
制动下降位置 "1" 挡	S3、S4、S6、S7	KM2、KM3、KM4	电动机 M5 仍接正序电压，但由于 KM3 得电动作，YB5、YB6 失电松开，M5 能自由旋转，由于 KM5 断电释放，转子回路接入五段电阻，M5 产生的提升转矩减小，此时若重物产生的负载倒拉力矩大于 M5 的电磁转矩，M5 运转在倒拉反接制动状态，低速下放重物。反之，重物反而被提升，此时必须将 AC4 的手柄迅速扳到下一挡
制动下降位置 "2" 挡	S3、S4、56	KM2、KM3	电动机 M5 仍接正序电压，但 S7 断开，KM4 断电释放，附加电阻全部串入转子回路，M5 产生的电磁转矩减小，重负载的下降速度比 "1" 挡时加快
强力下降位置 "3" 挡	S2、S4、S5、S7、S8	KM1、KM3、KM4、KM5	KM1 得电吸合，电动机 M5 接负序电压，产生下降方向的电磁转矩；KM4、KM5 吸合，转子回路切除两级电阻 5R6 和 5R5；KM3 吸合，YB5、YB6 的抱闸松开，此时若负载较轻，M5 处于反转动状态，强力下降重物；若负载较重，使电动机的转速超过其同步转速，M5 将进入再生发电制动状态，限制下降速度
强力下降位置 "4" 挡	S2、S4、S5、S7、S8、S9	KM1、KM3、KM4、KM5、KM6	KM6 得电吸合，转子附加电阻 5R4 被切除，M5 进一步加速，轻负载下降速度加快。另外，KM6 的辅助常开触头（30 区）闭合，为 KM7 获电做准备
强力下降位置 "5" 挡	S2、S4、S5、S7~S12	KM1、KM3、KM4~KM9	AC4 闭合的触头较 "4" 挡又增加了 S10、S11、S12，KM7~KM9 依次得电吸合，转子附加电阻 5R3、5R2、5RI 依次逐级切除，以避免过大的冲击电流；M5 旋转速度逐渐增加，最后以最高速度运转，负载以最快速度下降。此时若负载较重，使实际下降速度超过电动机的同步转速，电动机将进入再生发电制动状态，电磁转矩变成制动力矩，限制负载下降速度的继续增加

　　桥式起重机在实际运行中，操作人员要根据具体情况选择不同的运行位置和挡位。比如主令控制器手柄在强力下降位置 "5" 挡时，因负载重力作用太大使下降速度过快，虽有发电制动控制，但高速下降仍很危险。此时，就需要把主令控制器手柄扳回到制动下降位置 "2" 或 "1" 挡，进行反接制动控制下降速度。为了避免在转换过程中可能发生过高的下降速度，在接触器 KM9 电路中常用 KM9 辅助常开触头（33 区）自锁。同时，为了不影响提升的调速，在该支路中再串联一个 KM1 常开辅助触头（28 区）。这样可以保证主令控制器手柄由强力下降位置向制动下降位置转换时，接触器 KM9 线圈始终有电，只有手柄扳至制动下降位置后，接触器 KM9 线圈才断电，在图 5.8（d）所示主令控制器 SA4 触头开合表中可以看到，强力下降位置 "4" "3" 挡上有 "0" 的符号便是这个意义。表示当手柄由 "5" 挡向零位回转时，触头 S12 接通。否则，如果没有以上联锁装置，在手柄由强力下降位置向制动下降位置转换时，若操作人员不小心，误把手柄停在了 "4" 或 "3" 挡上，那么正在高速下降的负载速度不但不会得到控制，反而使下降速度更为增加，可能造成恶性事故。

　　另外，串接在接触器 KM2 支路中的 KM2 常开触头（23 区）与 KM9 常闭触头（24 区）并联。当接触器 KM1 线圈断电释放后，只有在接触器 KM9 线圈断电释放的情况下，接触器 KM2 线圈才允许获电并自锁，这就保证了只有在转子电路中保持一定的附加电阻的前提下，才能进行反接制动，以防止反接制动时造成直接启动而产生过大的冲击电流。

20/5t 型桥式起重机主要电气元件见表 5.9。

表 5.9　20/5t 型桥式起重机主要电气元件明细表

代　号	名　称	型　号	数　量	备　注
M5	主钩电动机	YZR-315M-10、75kW	1	—
M1	副钩电动机	YZR-200L-8、15kW	1	—
M2	小车电动机	YZR-132MB-6、3.7kW	1	—
M3、M4	大车电动机	YZR-160MB-6、7.5kW	2	—
AC1	副钩凸轮控制器	KTJ1-50/1	1	控制副钩电动机
AC2	小车凸轮控制器	KTJ1-50/1	1	控制小车电动机
AC3	大车凸轮控制器	KTJ1-50/5	1	控制大车电动机
AC4	主钩主令控制器	LK1-12/90	1	控制主钩电动机
YB1	副钩电磁制动器	MZD1-300	1	制动副钩
YB2	小车电磁制动器	MZD1-100	1	制动小车
YB3、YB4	大车电磁制动器	MZD1-200	2	制动大车
YB5、YB6	主钩电磁制动器	MZS1-45H	2	制动主钩
1R	副钩电阻器	2K1-41-8/2	1	副钩电动机启动调速
2R	小车电阻器	2K1-12-6/1	1	小车电动机启动调速
3R、4R	大车电阻器	4K1-22-6/1	2	大车电动机启动调速
5R	主钩电阻器	4P5-63-10/9	1	主钩电动机启动调速
QS1	总电源开关	HD-9-400/3	1	接通总电源
QS2	主钩电源开关	HD11-200/2	1	接通主钩电源
QS3	主钩控制电源开关	DZ5-50	1	接通主钩电动机控制
QS4	紧急开关	A-3161	1	电源发生紧急情
SB	启动按钮	LA19-11	1	况断开启动主接触器
KM	主接触器	CJ2-300/3	1	—
KA0	总过电流继电器	JL4-150/1	1	接通大车、小车及副钩
KA1～KA3	过电流继电器	JL4-15	3	过流保护电源
KA4	过电流继电器	JL4-40	1	总过流保护
KA5	主钩过电流继电器	JL4-150	1	过流保护
FU1	控制保护电源熔断器	RL1-15	1	短路保护
KM1、KM2	主钩升降接触器	CJ2-250	2	控制主钩电动机旋转
KM3	主钩制动接触器	CJ2-75/2	1	控制主钩制动电磁铁
KM6～KM9	主钩加速级接触器	CJ2-75/3	4	控制主钩附加电阻
KV	欠电压继电器	JT4-10P	1	欠压保护
SQ5	主钩上升行程开关	LK4-31	1	限位保护
SQ6	副钩上升行程开关	LK4-31	1	限位保护
SQ1～SQ4	大、小车行程开关	LK4-11	4	限位保护
SQ7	舱门安全开关	LX2-11H	1	舱门安全保护
SQ8、SQ9	横梁安全开关	LX2-111	2	横梁栏杆门安全保护
KM4、KM5	主钩预备级接触器	CJ2-75/3	2	控制主钩附加电阻

X62W 型万能铣床控制线路调试、故障处理

场景描述

　　X62W 型万能铣床的用途主要是可以通过多种铣刀对各类工件进行平面、斜面、螺旋面等的表面加工，也可以加装配套机床附件进而扩大加工范围，实现多用途。

　　X62W 型万能铣床主要由床身、主轴、刀杆、悬梁、工作台、回转盘、横溜板、升降台、底座等构成。

　　X62W 型万能铣床外形图片如图 5.55～图 5.57 所示。

图 5.55　X62W 型万能铣床左侧面图片

图 5.56　X62W 型万能铣床右侧面图片——生产操作者在正面操作

图 5.57　X62W 型万能铣床左后侧图片

图 5.58 为 X62W 型万能铣床外形结构图。

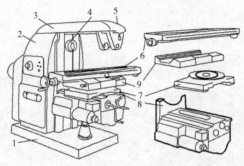

图 5.58　X62W 型万能铣床外形结构图

1—底座；2—床身；3—悬梁刀杆；4—主轴；5—支架；
6—工作台；7—床鞍；8—升降台；9—回转盘

图 5.59 为 X62W 型万能铣床电器位置图。

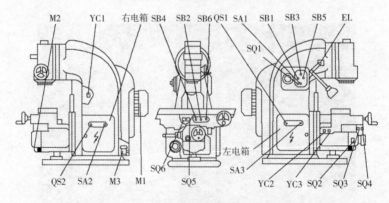

图 5.59　X62W 型万能铣床电器位置图

图 5.60 为 X62W 型万能铣床左、右电箱内电器布置图。

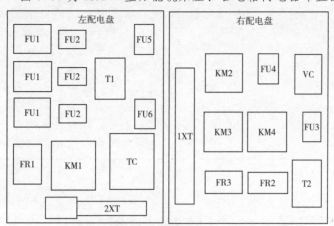

图 5.60　X62W 型万能铣床左、右电箱内电器布置图

床身的顶部装有水平导轨，导轨的另一端为装有刀杆支架的悬梁。铣刀水平安放，由主轴带动做旋转运动，对逐渐抵近的工件作铣削主运动。升降台可沿床身垂直导轨上下移动，溜板可在升降台的水平导轨上左右移动，溜板上有可转动的回转盘，工作台在回转盘上可左右移动，这样，工作台固定着工件，依托着回转盘、溜板和升降台可作前后、左右、上下及倾斜方向的进给运动。

X62W 型万能铣床使用了三台异步电动机，分别是主轴电动机 M1（可通过对转换开关 SA3 的操作，实现正、反转及停止的控制）、进给电动机 M2（可通过对 KM3、KM4 的操作，实现正、反转的控制，可通过不同功能的两个手柄操作，使得不同的丝杠与 M2 的传动链搭合，实现工作台前后、左右、上下方向进给运动）及冷却泵电动机 M3，上述操控关系见表 5.10：

表 5.10　X62W 型万能铣床电动机操控关系表

符　号	名　称	操作方法	功　能
M1	主轴电动机	通过操作 SA3	实现主轴正、反转及停止控制
M2	进给电动机	通过对 KM3、KM4 的操作实现正、反转控制，并各由左右进给手柄、上下与前后进给手柄操作，将相应的丝杠与 M2 的传动链搭合或分离	实现工作台左右、上下与前后六个方向的进给控制及进给停止控制
M3	冷却泵电动机	通过操作 QS2	实现冷却泵开、停

任务目标

技能点：① 在通电试运行中用万用表的交流电压挡测量主电路、控制电路有关点的相应电压值，直流电压挡测电磁离合器电压值，并准确读数。

② 对照电路图中标注，比较读数，对故障现象进行分析，确定故障范围，逐一排查，确定故障点。

③ 检测判定电器元件好坏及线路问题。

知识点：① X62W 型万能铣床主要运动形式及特点。

② X62W 型万能铣床电气控制原理及与机械的配合。

工作任务流程

本任务流程如图 5.61 所示。

图 5.61　工作任务流程图

▌实践操作

一、准备电工常用工具、仪表

常用工具和仪表见表 5.11。

表 5.11　工具、仪表

工具	螺丝刀、试电笔、尖嘴钳、剥线钳、斜口钳、电工刀、套筒扳手
仪表	兆欧表（500V、0～500MΩ）、钳形电流表、万用表、示波器

二、对照机床实物，熟悉各电器元件及位置

熟悉 X62W 型万能铣床示教模拟电路装置及电器元部件（图 5.62～图 5.67）。

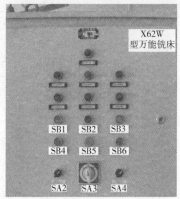

图 5.62　X62W 型万能铣床示
教模拟电路装置（控制柜）

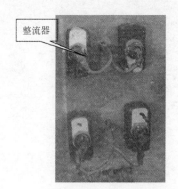

图 5.63　X62W 型万能铣床
整流器装置图

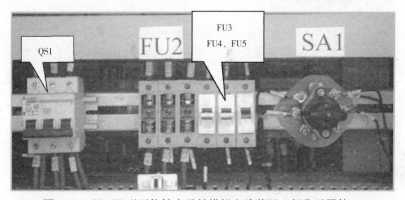

图 5.64　X62W 型万能铣床示教模拟电路装置（部分元器件 1）

图 5.65　X62W 型万能铣床示教模拟电路装置（部分元器件 2）

图 5.66　X62W 型万能铣床示教模拟电
路装置（部分元器件 3）

图 5.67　X62W 型万能铣床示教模
拟电路装置（部分元器件 4）

三、熟悉现场

对照机床了解各电器元件及位置后，熟悉现场，了解机床工作环境等。

四、开机通电调试

在 X62W 型万能铣床示教模拟电路装置上进行开机通电调试。

1. 检测相关电源

合 QS1 后：

① 检测 U12、V12、W12 间三相交流电压值（380V）→合 SA4，照明灯（EL）亮；

② 检测 104、105 间直流电压值（36V）；

③ 检测 0、5 间交流电压值（110V）；

④ 检测 200、202 间交流电压值（24V）。

2. 主轴运行调试

扳 SA3（左、中、右三个位置）→按 SB1 或 SB2→主轴电动机 M1 启动运行（正转、停、反转）→按 SB5 或 SB6→M1 停止运行；M1 运行后，合 QS2→冷却泵电动机 M3 启动运行，分断 QS2 则 M3 停止运行。

3. 主轴制动调试

按 SB1 或 SB2→扳 SA3→M1 正（或反）转→扳 SA1→M1 停止运行、YC1 通电→M1 制动。

4. 主轴变速（冲动控制）调试

变速前，扳压并拉动变速手柄→转动变速盘选定转速→将变速手柄复位→压合 SQ1→KM1 获电→M1 启动，瞬时冲动实现变速运行。

5. 工作台快速移动（点动）调试

操作左右或上下与前后进给手柄→按下 SB3 或 SB4→KM2 得电→YC2 失电、YC3 获电、KM3 或 KM4 获电→M2 启动运行；放松 SB3 或 SB4→M2 停止运行。（注：按要求，快速移动只能在主轴电机 M1 运行时才可以进行，快速移动应能在左右、上下与前后六个方向进行，但不能同时进行。）

6. 进给调试

① 主轴电机 M1 未启动（KM1 未通电）→进给手柄压合 SQ5 或 SQ6、SQ3 或 SQ4→KM3 或 KM4 线圈应未通电→进给电机 M2 应不转动。

② 主轴电机 M1 运行后

→扳左右进给操作手柄（左、右位置）→左右进给丝杠，
　　搭合 M2 传动链、压合 SQ5→KM3 获电→M2 正转实现左进给，
　　搭合 M2 传动链、压合 SQ6→KM4 获电→M2 反转实现右进给。
→扳上下与前后进给操作手柄（上、下、前、后位置）→上下、前后进给丝杠，
　　搭合 M2 传动链、压合 SQ4→KM4 获电→M2 反转实现上进给，
　　搭合 M2 传动链、压合 SQ3→KM3 获电→M2 正转实现下进给，
　　搭合 M2 传动链、压合 SQ3→KM3 获电→M2 正转实现前进给，
　　搭合 M2 传动链、压合 SQ4→KM4 获电→M2 反转实现后进给。
→各操作手柄置于中间位置时，M2 停止进给运行。
→按 SB5 或 SB6 → M2 停止运行。

7. 进给变速调试

进给进行中：

将进给操作手柄置于中间位置→M2 停止→拉出进给变速盘→转动变速盘选定进给速度→推回变速盘→压 SQ2→KM3 获电→M2 启动→变速盘复位 SQ2 复位→KM3 断电→M2 停止→M2 实现了瞬时点动→扳动进给操作手柄到待变速进给位置，M2 启动即完成变速调试。

8. 圆形工作台旋转进给调试

圆形工作台是该铣床的附件，需要时安装在该铣床的工作台上。
扳动 SA2 为接通→KM3 获电→M2 启动→圆形工作台旋转；
扳动 SA2 为断开→KM3 断电→M2 停止→圆形工作台停转。

五、对常见故障进行分析判断，排除及检修

在示教模拟电路装置上进行故障分析判断及其排除与检修。

1. 故障一：主轴电机 M1 不能启动

分析及处理：

首先对示教模拟电路应区分两种情况来进行考虑：一是刚安装完毕，开机通电调试所遇到的问题，二是已经正常运行过的电路以后出现的故障。

若是前者，应综合考虑如下三方面：主回路、控制回路安装是否正确，接错线、回路未接通是发生在学生中的常见现象，应严格按照安装工艺，每条导线须与电路图一一对应，每安装一条导线必须两端套编码管，写上同电路图一致的编码，而且旋紧接线头不能压胶；相关电器元件选用是否正确，如 KM1 线圈额定电压与控制电压必须一致，及电器元件是否完好、处于正确状态，如 FR1 动作过后应按复位按钮，使得控制回路得以形成，不然的话，主轴电机 M1 是不能启动的；电源电压是否正常。

若是后者，应先确定 KM1 是否已经动作，若已动作则说明控制回路正常，采用电压测量的方法进行排查，将万用表的转换开关旋到交流电压 500V 的挡位上，两支表笔点触 FR1 的三相进线端（即 KM1 的三相出线端）U13、V13、W13，测量三相电压情况，如缺相或无电压，再测 FU1 输入、输出端，以确定故障区域范围，若 U12、V12、W12 电压正常，说明 KM1 主触头有问题，应对其进行修理；若 U13、V13、W13 电压正常，则测 U14、V14、W14 或 1U、1V、1W 的电压，可以确定是哪一段电路或电器的问题。常见的电器元件问题还有 FR1 因电机 M1 过载保护动作断路、SA3 触头故障、M1 三相定子绕组断路或转子机械卡死导致电机 M1 绕组烧毁。如果 KM1 没有动作，应先测量控制变压器 TC 输出、输入电压，0 和 4、0 和 5 两点间电压都应为 110V 交流电压，U12、V12 两点间应为 380V 交流电压，如果这些点的电压正常，则应用电压分段测量法检测判定 KM1 线圈两端 3、6 两点间有没有 110V 交流电压，从 0、1、2、3、5、6、7、8、9 各点的 110V 交流电压的有无情况就可确定是哪一段控制电路、哪一个元件的问题。如果 3、6 两点间有 110V 交流电压，那么问题应是在 KM1 线圈或其连接上出现了断路的情况。SQ1 作为主轴变速冲动位置开关受到的冲击频繁，其受损及触头接触不良的情况常出现，SB1、SB2 作为异地启动按钮亦可能出现故障。

该故障的分析判断处理的流程如图 5.68 所示。

2. 故障二：固定工件的工作台没有进给运动

固定工件的工作台没有进给运动，工件就得不到铣削，这与主轴运动无关，首先应确定是没有左右进给运动、前后进给运动抑或是上下进给运动这三类进给运动中的哪一个。如果没有左右进给运动，问题应出在工作台的控制运行上，检查考虑实际操作手柄有无压到位置开关 SQ5 或 SQ6，从而接通 KM3 或 KM4，使得进给电动机 M2 正、反转；如果没有前后进给运动，问题应出在溜板的控制运行上，检查考虑实际操作手柄有无压到位置开关 SQ3 或 SQ4，从而接通 KM3 或 KM4，使得进给电动机 M2 正、反转；如果没有上下进给运动，问题应出在升降台的控制运行上，检查考虑实际操作手柄有无压到位置开关 SQ3 或 SQ4，从而接通 KM3 或 KM4，使得进给电动机 M2 正、反转。在这里要清楚，工作台左右进给运动操作手柄是单独的，而前后、上下进给运动操作手柄是合一的，操作手柄扳向不同的位置，又通过机械机构将进给电动机 M2 的传动链与左右进给丝杠或前后进给丝杠或上下进给丝杠搭合或脱离。

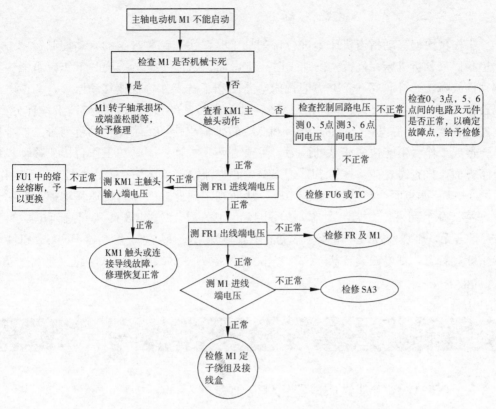

图 5.68　X62W 型万能铣床故障一分析处理流程图

　　由于各个方向上的进给运动的控制有赖于操作手柄、位置开关、挡铁和接触器的准确配合，因而进给运动的故障多数发生在配合上，出现这类故障，必须分清左右进给、前后进给、上下进给运动，而后仔细调校。由于机床进给运动是经常性运动，位置开关触头接触不良造成回路断路的情况也时有发生，可用回路测量的方法确定故障回路及故障点。比如，断开电源开关 QS1，将万用表转换开关旋到欧姆挡，表笔检测 10、12 两点，将 SA2 扳到断开位置，此时 SA2-1 触头、SA2-3 触头（17 区）闭合，SA2-3 触头（18 区）断开，扳动位置开关 SQ5，SQ5-1 触头闭合，SQ5-2 触头断开，10、13、14、15、16、17、18、12 回路应导通，若不导通，则应将一支表笔点触在 10 或 12 点，另一支表笔点触该回路的一半位置点，如 15 这个点上，以便尽快缩小范围，判断断路点的位置。

　　其次，除了进给运动的控制环节会产生影响进给运动的故障外，进给运动的执行环节也存在常见的故障，如发生短路、过载的故障，这些都可通过检测的方法发现及确定故障点，并给以排除。比如，控制回路正常，进给电机 M2 不动作，用万用表交流电压 "500V" 挡先测 U16、V16、W16 点的电压，若电压不正常，则检查热继电器 FR3 及熔断器 FU2，FR3 常见问题是因过载而动作，FU2 常见问题是因短路或过载而烧熔丝；若电压正常，则检查交流接触器 KM3 或 KM4 及进给电动机 M2、交流接触器常见问题是触头接触不良、电动机常见问题是绕组断路。

3. 故障三：工作台不能快速移动

工作台快速移动指当机床不进行铣削加工时，快速调整进给的点动控制运动。在这里我们只分析机床在进行铣削加工时正常，而在机床不进行铣削时工作台不能快速移动的故障。通过研究 X62W 万能铣床电路图和了解工作台快速移动原理，知道电磁离合器 YC2 失电，会将进给电动机 M2 转轴输出传动的齿轮传动链与进给丝杆分离，电磁离合器 YC3 得电，会将进给电动机 M2 转轴输出传动的齿轮传动链与进给丝杆搭合。造成工作台不能快速移动的原因，主要有两个方面：一是在工作台快速移动控制电路方面，排查时，按下按钮 SB3 或 SB4，看交流接触器 KM2 有无动作，若无动作，检测 11、12 两点间交流电压有无 110V，从而判定问题在工作台快速移动控制的哪部分电路、哪个元件上；若有动作，检测 104、107 或 104、108 两点间直流电压有无 36V，若无，则往前逐级查电源，常见故障有整流二极管烧坏、熔断器 FU3 或 FU4 熔丝熔断，若有，则电磁离合器 YC2 或电磁离合器 YC3 的线圈烧坏或断路。

相关知识

一、X62W 型万能铣床电器元件明细表

X62W 型万能铣床电器元件明细表见表 5.12。

表 5.12　X62W 万能铣床电器元件明细表

代　号	名　称	型　号	规　格	数　量
M1	主轴电动机	Y132M-4-B3	7.5kW、380V	1台
M2	进给电动机	Y90L-4	1.5kW、380V	1台
M3	冷却泵电动机	JCB-22	125W、380V	1台
QS1	开关	HZ10-60/3J	60A、380V	1个
QS2	开关	HZ10-10/3J	10A、380V	1个
SA1	开关	LS2-3A	—	1个
SA2	开关	HZ10-10/3J	10A、380V	1个
SA3	开关	HZ3-133	10A、500V	1个
FU1	熔断器	RL1-60	60A、熔体 50A	3个
FU2	熔断器	RL1-151	5A、熔体 10A	3个
FU2、FU6	熔断器	RL1-15	15A、熔体 4A	2个
FU4、FU5	熔断器	RL1-15	15A、熔体 2A	2个
FR1	热继电器	JR0-40	整定电流 16A	1个
FR2	热继电器	JR10-10	整定电流 0.43A	1个

代 号	名 称	型 号	规 格	数 量
FR3	热继电器	JR10-10	整定电流 3.4A	1 个
T1	照明变压器	BK-50	50VA、380/24V	1 个
T2	变压器	BK-100	100VA、380/36V	1 个
TC	变压器	BK-150	150VA、380/110V	1 个
VC	整流器	2CZ×4	5A、50V	1 个
KM1	接触器	CJ0-20	20A、线圈电压 110V	1 个
KM2	接触器	CJ0-10	10A、线圈电压 110V	1 个
KM3	接触器	CJ0-10	10A、线圈电压 110V	1 个
KM4	接触器	CJ0-10	10A、线圈电压 110V	1 个
SB1、SB2	按钮	LA2	绿色	2 个
SB3、SB4	按钮	LA2	黑色	2 个
SB5、SB6	按钮	LA2	红色	2 个
YC1	电磁离合器	BIDL-Ⅲ	—	1 个
YC2	电磁离合器	BIDL-Ⅱ	—	1 个
YC3	电磁离合器	BIDL-Ⅱ	—	1 个
SQ1	主轴冲动位置开关	LX3-11K	开启式	1 个
SQ2	进给冲动位置开关	LX3-11K	开启式	1 个
SQ3	工作台前、上进给位置开关	LX3-131	单轮自动复位	1 个
SQ4	工作台后、下进给位置开关	LX3-131	单轮自动复位	1 个
SQ5	工作台左进给位置开关	LX3-11K	开启式	1 个
SQ6	工作台右进给位置开关	LX3-11K	开启式	1 个

二、X62W 型万能铣床电气控制分析

X62W 型万能铣床电气原理图如图 5.69 所示。

① 了解该铣床的主要结构、电器位置分布。

② 熟悉主要运动形式及拖动控制。主轴带动铣刀的旋转运动是主运动，由主轴电动机 M1 拖动，由 SA3 转换控制正转、反转和停止三种工作状态。主轴变速由变速盘、变速操作手柄与 SQ1 的配合实现。

工作台的前后（横向）、左右（纵向）和上下（垂直）6 个方向的运动以及圆形工作台的旋转运动是进给运动，由进给电动机 M2 拖动，电动机 M2 由 KM3、KM4 控制正反转。工作台的前后和上下进给运动是由同一个手柄与 SQ3（或 SQ4）配合控制使得前后或上下进给丝杆与电动机 M2 传动链搭合或脱离来实现的。工作台的左右进给运动是由另一个手柄与 SQ5（或 SQ6）配合控制使得左右进给丝杆与 M2 传动链搭合或脱离来实现的。SA2 与 KM3 配合控制使得 M2 拖动工作台做旋转运动。

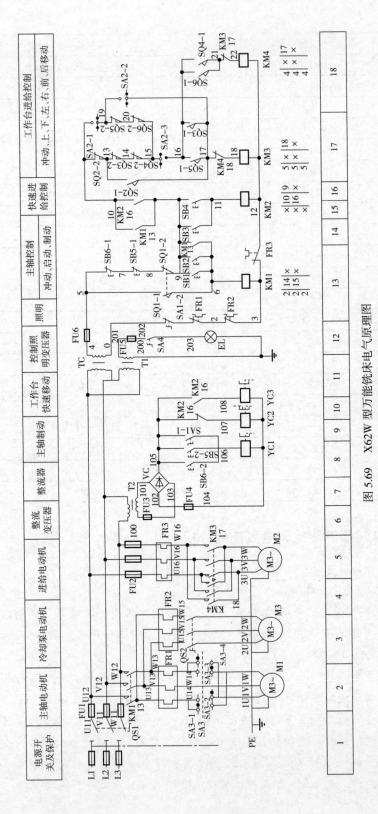

图 5.69　X62W 型万能铣床电气原理图

工作台在 6 个方向的快速移动是辅助运动。当机床需调整进给方向或其他需要时，铣削应停止，此时可以操作相应进给手柄，点动 SB3 或 SB4，可使工作台快速移动。

③ 电磁离合器 YC1 用于主轴电动机 M1 制动，电磁离合器 YC2、YC3 配合 KM2、KM3 或 KM4 的控制，在扳动选定进给手柄后，使得电动机 M2 的传动链与丝杆搭合或分离，或使得电动机 M2 正反转，从而实现工作台的快速移动控制。

④ 输入主电源为交流 380V，电磁离合器线圈工作电压为直流 36V，控制电压为交流 110V。

⑤ 该铣床具有下述电气联锁的要求：

a. 主轴旋转后才允许有进给运动和进给方向的快速运动；

b. 只能进给先停、主轴后停或同时停，不允许主轴先停；

c. 6 个方向的进给运动只可分别进行，采用了机械操纵手柄和位置开关相配合的方式来实现 6 个方向的联锁；

d. 无论主轴运动还是进给运动均采用变速盘选择变速，为保证变速齿轮的啮合状态，两种运动都要求变速后作瞬时点动；

e. 当主轴电动机或冷却泵电动机过载时，进给运动必须立即停止。

⑥ 参见开机通电调试流程。

⑦ 参见电气原理图。

任务 6

G-CNC6135 型数控车床控制线路调试、故障处理

场景描述

数控车床由普通车床演变而来，其根本性的变化就是运用了计算机和数控技术，这在相当程度上改变了手工操作车床的情况（但装夹及取卸工件等还须人工），输入加工及控制程序，车床就可以实现自动加工的过程，大大提高了生产效率和加工质量（图 5.70 和图 5.71）。

图 5.70　G-CNC6135 型数控车床整机外形图片（待包装出厂的机台）

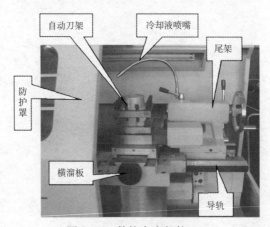

图 5.71　数控车床部件 1

普通车床的主要系统结构分为床身、主轴转动、刀架进给、冷却、润滑系统等；而数控车床主要在于主轴转动、刀架进给、冷却、润滑系统等均由计算机、数字程序系统来控制。数控车床在加

工方面最具现实之处在于刀架纵向（Z 轴）和横向（X 轴）进给运动及二维合成进给运动以非常精确连续运动的方式控制进行，完成各种回转体工件内、外形加工，特别是二维合成进给运动的加工比手工操作所完成的加工工艺难度有相当的提高。机床加工时的各个物理参量，如转速、角度、尺寸等都进行模数—数模转换，与所设定的标准量相比较，不断校正加工控制量，从而实现加工目标。从普通车床较简单的电气控制到数控车床较复杂的电气控制，电气控制自动化的程度增加了，调试运行及故障排除的技术档次也提高了，尽管应用了计算机及数控技术，但是继电器、接触器控制这些基础控制仍然不能没有，面对中职教育读者的需求，我们选择相应程度的内容予以介绍（图 5.72 和图 5.73）。

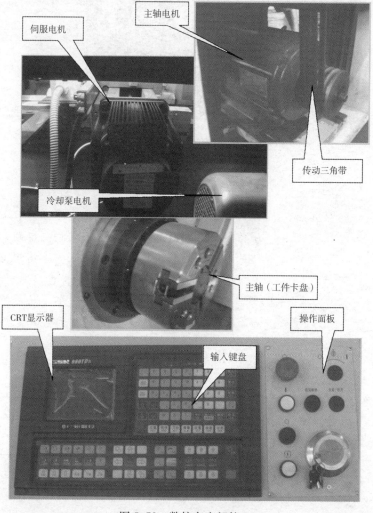

图 5.72 数控车床部件 2

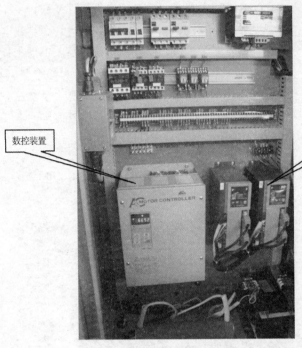

数控装置

伺服驱动装置

图 5.73 数控车床部件 3（电气控制柜内部）

任务目标

技能点：① 在通电试运行中用示波器检测电源相序、频率、电压值，用万用表的交流电压挡测量主电路、控制电路的有关点的相应电压值，直流电压挡测信号电路有关点的相应电压值，并准确读数。

② 对照电气原理图中标注，比较读数，从故障现象分析，确定故障范围，逐一排查，确定故障点。

③ 检测判定电器元件好坏及线路通断。

知识点：① 数控车床机床的结构、主要运动形式、电气控制原理。

② 数控装置及功能。

③ 主要电气元部件及功能。

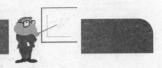

工作任务流程

本任务流程如图 5.74 所示。

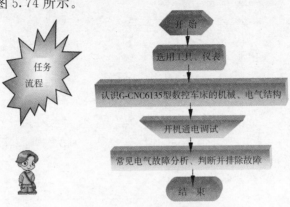

图 5.74　工作任务流程图

实践操作

一、准备常用电工工具及仪表

常用工具及仪表见表 5.13。

表 5.13　工具、仪表

工具	螺丝刀、试电笔、尖嘴钳、剥线钳、斜口钳、电工刀、套筒扳手、电烙铁
仪表	兆欧表（500V、0～500MΩ）、钳形电流表、万用表、示波器、转速表

二、熟读电气原理图、熟悉电器元件

G-CNC6135 型数控车床原理图参见图 5.75～图 5.77。

对照机床实物，点看并熟悉各电器元部件（图 5.78～图 5.82）。

三、开机通电调试

开机通电测试在 G-CBC6135 型数控车床示教模拟电路装置上进行，已删略了原机床的主轴变频、电卡盘、润滑、液压系统等电路元器件。

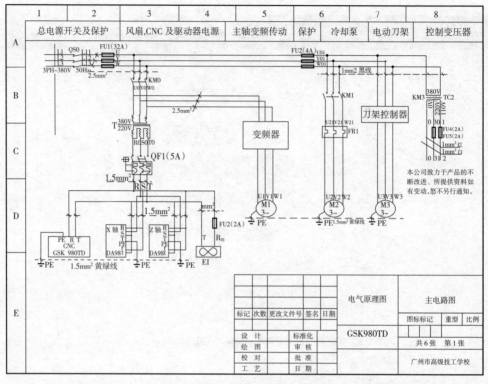

图 5.75 G-CNC6135 型数控车床示教模拟电路装置电气原理图一

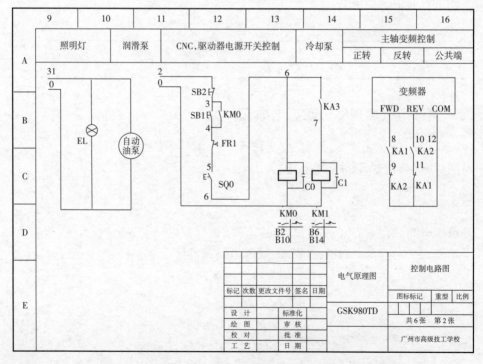

图 5.76 G-CNC6135 型数控车床示教模拟电路装置电气原理图二

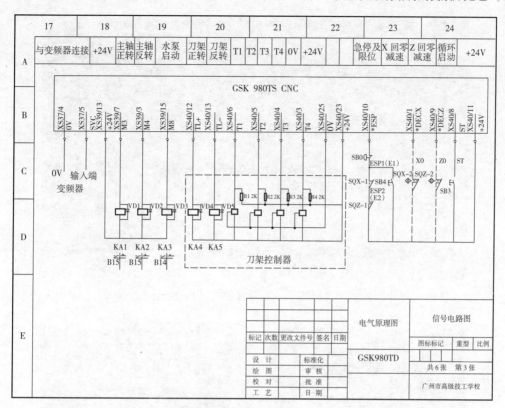

图 5.77 G-CNC6135 型数控车床示教模拟电路装置电气原理图三

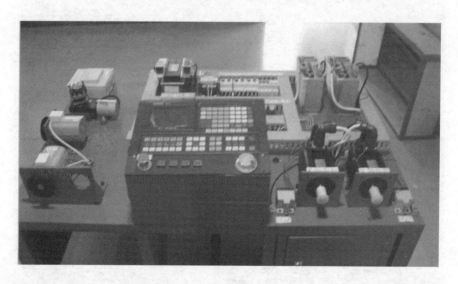

图 5.78 数控车床示教模拟电路装置（GSK980TD 型数控系统置于伺服电动机下的铁柜内）

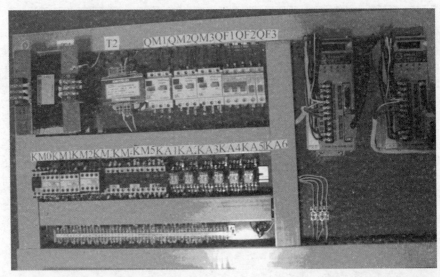

图 5.79 变压器、断路器、自动开关、交流接触器、中间继电器、伺服驱动器等部件

图 5.80 伺服电动机

图 5.81 显示屏、输入键盘及操作面板

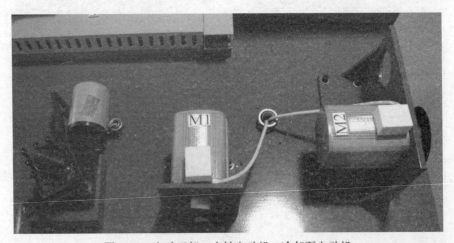

图 5.82 电动刀架、主轴电动机、冷却泵电动机

G-CNC6135 型数控车床示教模拟电路装置主要电气元器件（未包含主轴变频、电卡盘、刀架控制、润滑、液压系统等电路元器件）见表 5.14。

表 5.14　数控车床示教模拟电路装置主要电气元器件表

名　称	代　号	数　量
机床数控系统	GSK980TD	1 套
交流伺服驱动器 CNC	DA98A（X 轴、Z 轴）	2 套
三相隔离变压器 BS-120	TC1	1 台
控制变压器	TC2	1 台
主轴电机	M1	1 台
交流伺服电动机	—	2 台
冷却泵	M2	1 台
三相断路器	QF1	1 个
单相断路器	QF2、QF3	2 个
交流接触器	KM0～KM6	7 个
中间继电器	KA1～KA6	6 个
电源开关	QS0	1 个
按钮开关	SB1～SB4	4 个
行程开关	SQX、SQZ	2 个
电容、电阻、二极管	—	若干
机床计算机操作 CNC、输入、显示系统	—	1 套

G-CNC6135 型数控车床的示教模拟电路装置的通电调试的具体步骤如下。

① 用示波器检验电源电压 380V、频率 50Hz 及相序，应与电气原理图及说明相符，并检查冷却液、润滑油系统。

② 合上 QS0，输入三相交流电，同时也要做好按下按钮 SB0 的急停准备，以便紧急切断电源，这是考虑到如果 X 轴、Z 轴两台伺服电动机的反馈线接反或断线，都会发生机床"暴走"的现象，需紧急停电检查而设置，若发生此种情况，按 SB0，调整反馈线接线，直至正常。

③ 按下 SB1，TC1 及 TC2 均已受电，检测 TC1、TC2 输出电压，与标注值对比，判断其是否正常。

④ 合上 QF1，CNC 系统、计算机受电及风扇开启，整个车床电气按输入程序运行，正常完好的系统应无报警。

⑤ 数控装置具有自诊断功能，在检测到故障时会立即在屏幕上报警显示或在操作面板上有报警指示灯显现，操作者可根据报警信号和报警指示灯明确故障现象并找到故障点。

⑥ 照明灯、冷却泵、润滑泵、主轴电动机、X 轴伺服电动机、Z 轴伺服电动机这些电气装置都能正常工作，则通电调试完毕，可按照顺序关、停机。

注意： 从上述通电调试的各个步骤来看，开机前做好准备，认真点看和熟悉该机床电气元器件及位置、弄清楚该机床电气工作原理是非常重要的。

四、G-CNC6135 型数控车床故障与故障排除

根据中职教育的情况特点，仅介绍和列出该车床（模拟示教电路装置）常见电气故障现象，进行检查、分析和排除的探讨。

1. 故障一：合 QS0→按 SB1→合 QF1 后，数控系统无通电反映，即电源不通，电源指示灯不亮

分析：首先应确定是采用了正确的开机步骤，有了电源后才开机的。如果是这样，故障一应是该机床电气故障，应在该机床从电源的引入端到进入数控系统的这段电气上找原因。我们先检查其中间段的电压，根据情况判断故障原因在前段还是在后段，在主回路还是在控制回路，这样可尽快缩小检查范围，是一种简便的方法。若无电源送入机床，则要处理解决电源的问题。

检修：将万用表调到交流电压"500V"挡，检测 TC1 输入端（U0、V0、W0）、输出端（R0、S0、T0）电压和 TC2 输入端（U、W）、输出端（101、0、1）电压，若输入端无电压或电压不正常，则需检查 FU1、FU2 或 QS0 及至 L1、L2、L3 三相交流电源，找出其中的问题，给以解决。常见故障原因有 FU1、FU2 熔丝熔断、TC1、TC2 绕组烧坏、线路连接松脱等。

2. 故障二：系统通电，但不能自锁

分析与检修：应该肯定 SB1 的自锁存在问题，检查与 SB1 并接的 KM0 常开辅助触头（3—4）是否能闭合，其接线是否有断路问题。

3. 故障三：显示屏幕不显示，无电

检修：检查与显示屏相关联的电缆、插头插件的连接。

4. 故障四：显示屏幕有电，不显示视频信号

分析：故障有可能在主控板或接口线路板部分。该故障现象的分析对于本课程只要求至此。

5. 故障五：刀架电动机 M3 无动作

检修：在 0 和 7 间电压为 110V 有保证的前提下，主要检查 CNC 输出连接点 XS39/13 接口的系统输出＋24V 电源有无断路，若控制电路电压正常，再用万能表测量 M3 有无电压，若无，则检查修理刀架控制器电源输出部分，若正常，用兆欧表摇测绕组间及绕组对机壳绝缘电阻就可确定 M3 是否已烧坏。

6. 故障六：刀架不能正转动

分析与检修：检查 KA4 线圈是否断路、有无受电，也有必要检查 CNC 输出连接点 XS40/12 的 TL＋接口，故障现象都是这些原因引起的，当然，前提是 CNC 系统正常。

7. 故障七：刀架无反转紧锁

检修：主要检查 CNC 输出连接点 XS40/13 的 TL－接口及其输出连接 KA5 线圈的线路，前提是 CNC 系统正常。

8. 故障八：刀架任一刀位一直转动

分析：这是 CNC 输出连接点 XS40/25 的输出 0V 接口或输出线路断路故障所致的。

9. 故障九：T3 或 T4 找不到刀位

分析：这是由 CNC 控制输出连接点 XS40/4 的 T3 输出或 XS40/3 的 T4 输出信号线发生短路故障所致的，将发生短路的部位找到并排除，故障问题即可解决。

10. 故障十：主轴不能正转或不能反转

分析与检修：首先检查 KM1 或 KM2 在正转指示或反转指示有显示时有无动作，若无动作，故障应在控制电路部分，测量 0 和 7 间电压是否为正常的 110V，若不正常，则查 0 和 1 至 0 和 6 间电压，即可确定断路故障点，予以检修排除；0 和 7 间电压若正常，则分别测 0 和 10、0 和 9、0 和 8 间电压是否为 110V，可以确定断路点，给以排除。若有动作，故障应在主电路部分，请看分析与故障判断检修流程图（图 5.83）：

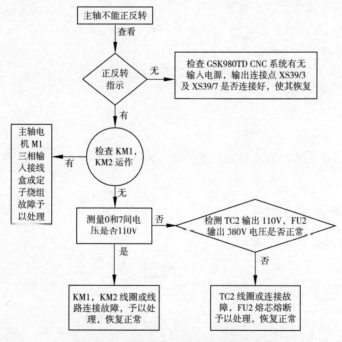

图 5.83　故障现象及分析与检修流程图

相关知识

一、G-CNC6135 型数控车床的电气控制及运动形式

1. 数控车床电气控制原理

数控车床是由计算机数控装置控制的，但整个数控车床电气控制系统除了计算机数控系统，还有电源、电源保护、继电器、接触器控制等与其相配合，见 G-CNC6135 数控车床电气原理图（图 5.85～图 5.87）及其示教模拟装置电气原理图（图 5.75～图 5.77）。对于其示教模拟装置电气原理图，明确其电气控制原理。

我们将图 5.75 中的 1-8 图区的电路称为主电路，包括总电源开关及保护、CNC 及驱动器电源、主轴传动、控制变压器及主轴制动、冷却泵、电动刀架部分。

将图 5.76 和图 5.77 中的 9-24 图区的电路称为控制电路，包括 CNC、驱动器电源开关控制、主轴控制、冷却泵、刀架控制等部分。

2. 数控车床的运动

① 数控车床的主运动：夹持工件的卡盘的转动，可正反转和变速，M1 拖动，也称为主轴的运动。

② 数控车床的进给运动：刀架沿 X 轴直线行进或 Z 轴直线行进、刀架沿 X 轴和 Z 轴合成曲线行进，可进退，X 轴和 Z 轴各由一台伺服电动机驱动。

③ 数控车床的辅助运动：

a. 刀架转动，M3 拖动，可正反转，由刀架控制器控制；

b. 冷却泵，M2 拖动；

c. 润滑泵；

d. 风扇。

④ 数控车床的照明，由照明灯照明。数控车床的运动都是由数控系统按照程序控制运行的。

二、数控装置的方框图

数控装置框图如图 5.84 所示。

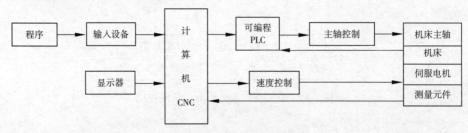

图 5.84　数控装置的框图

三、数控装置各部分的功能与作用

输入设备：通过一定方式输入（人工键盘输入、纸带阅读输入、上位计算机输入）程序、补偿数据、控制参数，以及机床反馈的各种信息。

显示器：LED、CRT 显示程序、参数、刀具位置、机床状态、各种报警。

计算机：数控装置的核心，主要运用其强大的运算功能进行数据处理和逻辑判断。

四、数控装置的常见故障及处理

1. 电源不通

电源不通表现为开机无电到，检查机床电源开关前后级电的情况来确定处理方法。

2. CRT 不显示

CRT 不显示时，检查连接电缆及接插件是否插好到位，CRT 显示单元是否良好，如无视频信号，故障可能出在主控板。

3. 返回基准点时机床停止位置与基准点位置不一致

出现该故障的原因有机械基准位未调校好，电路元器件工作不正常，信号电缆与电源电缆位置不当，信号受干扰等。

4. 机床没有动作

机床通了电后不动作，应检查机床是否处于锁住状态或报警状态，逐一找到原因后再排除。

5. 过热报警

数控系统设置的软件报警功能，对于伺服单元热继电器动作、伺服电动机热动开关动作、变压器热动开关动作等均可能报警，排查找到原因后予以检修解决处理。

6. 过流报警

这是进给伺服驱动装置损坏，如驱动电动机烧坏、伺服单元电路板短路或损坏等导致的故障，更换或修理后就可以解除。

7. 欠压报警

发生欠压报警时，检查输入电源是否为额定值，若正常，则检查伺服变压器与伺服单元的连接及伺服单元电路板，发现问题予以检修处理。

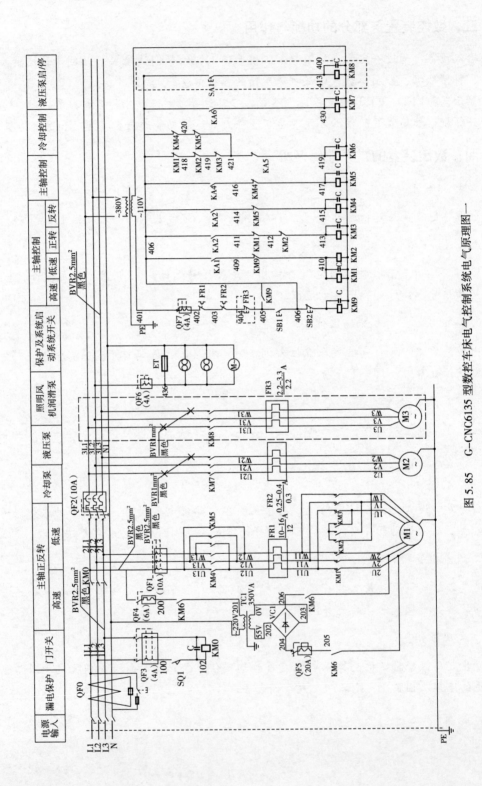

图 5.85　G-CNC6135 型数控车床电气控制系统电气原理图图一

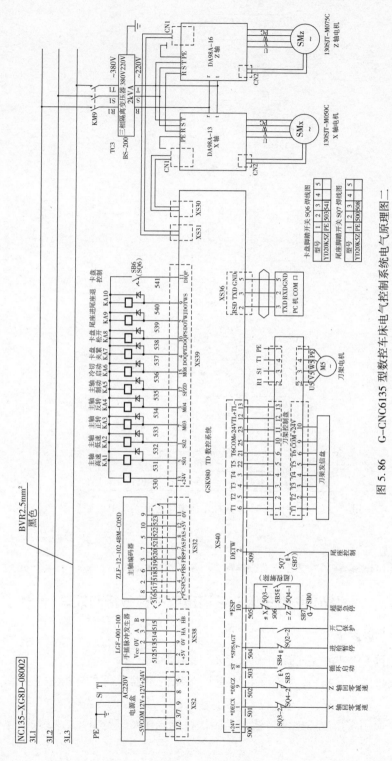

图 5.86 G—CNC6135 型数控车床电气控制系统电气原理图二

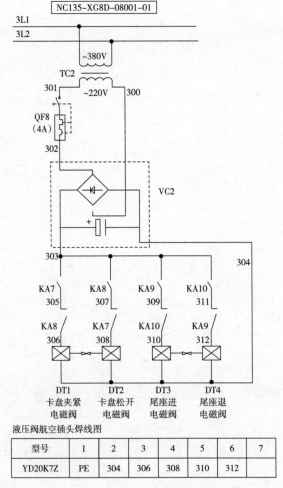

液压阀航空插头焊线图

型号	1	2	3	4	5	6	7
YD20K7Z	PE	304	306	308	310	312	

图 5.87　G-CNC6135 型数控车床电气控制系统电气原理图三

▌巩固训练

CA6140 型车床的常见电气故障分析和处理

1. 技能训练要求

① 会识读 CA6140 型车床电气原理图（图 5.88）。

② 会简单操作 CA6140 型车床，熟悉该车床的电器元件的实际位置和线路的布置情况。

③ 熟练应用常用故障检测方法（电阻法、电压法）进行常见故障的检测和处理。

2. 实训准备

① 电工常用工具（尖嘴钳、螺丝刀、活动扳手、试电笔等）一套，万用表一块，钳形电流表一块。

② CA6140 型车床的电气原理图（图 5.88）。

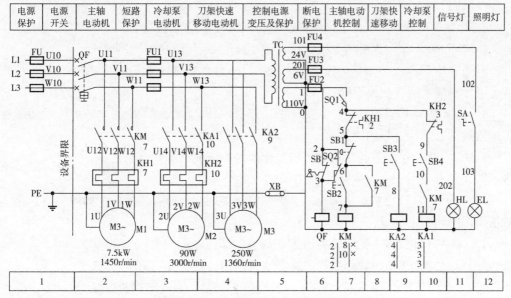

电源保护	电源开关	主轴电动机	短路保护	冷却泵电动机	刀架快速移动电动机	控制电源变压及保护	断电保护	主轴电动机控制	刀架快速移动	冷却泵控制	信号灯	照明灯
1	2		3		4	5	6	7	8	9	10	11	12

图 5.88　CA6140 型车床电气原理图

3. 实训步骤

① 在教师或者车床操作工的指引下对该型号车床进行简单操作，熟悉车床的机械、电气结构和运动形式。

② 对照 CA6140 型车床的电气原理图，了解和熟悉车床电器元件的实际位置和线路的布局，必要时可以考虑通过实际测量的方式来了解线路的具体走向，并能与电气原理图对应上。

③ 由教师在本机床上设置 1～2 个自然故障点。指导学生如何从故障现象着手，结合电气原理图来分析、判断故障的范围，以及如何使用电工常用工具和仪表进行故障点的准确判断和故障处理。

4. 评分细则

评分细则参见表 5.15。

思考与练习

1. 为什么在 Z3050 型摇臂钻床中液压泵电机 M3 需要设置过载保护？

2. Z3050 型摇臂钻床的摇臂上升和下降的控制电路中采用了什么样的措施，以确保电路安全工作？

3. Z3050 型摇臂钻床的立柱和主轴箱的松开与夹紧为什么采用点动控制？

4. 请结合 Z3050 型摇臂钻床的电气原理图试分析摇臂下降控制过程。

5. 试分析 Z3050 型摇臂钻床的立柱和主轴箱同时夹紧的工作原理。

6. MY7132A 型平面磨床电磁吸盘夹持工件有什么特点？

7. 若 MY7132A 型平面磨床电磁吸盘出现吸力不足会造成什么后果，该如何处理？

8. MY7132A 型平面磨床电磁吸盘退磁不好的原因有哪些？如何处理？

9. 在 MY7132A 型磨床电路中，采取了什么样的措施来保证在主轴电机未停止的情况下，不能使磨头快速下降？

10. 进给电动机只有一台，该铣床的工作台为什么能实现 6 个方向的进给运动和旋转进给运动？具体过程如何？

11. GSK980TD 型数控系统输入的是交流还是直流电源？电压是多少？该系统与哪些电器装置有联系？

12. GSK980TD 型数控机床电路有哪些电源类别，电压各是多少？如何测得？在示教模拟电路装置上测量。

13. 数控车床比较普通车床具有哪些优点？如何体现？

14. 试述 20/5t 型桥式起重机主钩电动机操作过程及电路工作情况。

15. 分析 20/5t 型桥式起重机在强力下降位置"4"挡时的控制过程。

16. 制动电磁铁线圈过热的原因有哪些？

17. 说明在工作之前要做好哪些准备，起重机才能启动运行？

18. 试述 T68 型卧式镗床主轴电动机高速启动时操作过程及电路工作情况。

19. 分析 T68 型卧式镗床主轴变速和进给变速控制过程。

20. 两个方向同时进给而出现事故，T68 型卧式镗床采取了什么措施？

21. 说明 T68 型镗床快速进给的控制过程。

■ 学习检测

实训考核标准见表 5.15。

表 5.15 《机床电气故障检测》技能自我评分表

项 目	技术要求	配 分	评分细则	评分记录
故障分析	① 故障分析，排除故障思路正确	25 分	扣 5～10 分	
	② 能标出最小故障范围		每个扣 15 分	
排除故障	① 断电要验电	25 分	扣 5 分	
	② 工具及仪表使用得当		每次扣 5 分	
	③ 检查故障的方法正确		扣 2 分	
	④ 排除故障的方法正确		扣 2 分	
	⑤ 能排除故障点		每个扣 3 分	
	⑥ 未扩大故障范围或产生新的故障点		每个扣 4 分	
	⑦ 未损坏电器元件		每只扣 2～4 分	

续表

项　目	技术要求	配　分	评分细则	评分记录
安全文明生产	没有违反安全文明生产规定	40	扣 10～40 分	
定额时间	1h，训练不允许超时，在修复故障过程中才允许超时	10	每超时 1min 扣 5 分	
备注：	每个项目最高扣分不超过配分			

知识拓展与链接

一、如何阅读机床电气原理图

机床电气原理图是用来表明机床电气的工作原理、各电气元件的作用及其相互之间的关系的一种表示方式。掌握了阅读电气原理图的方法和技巧，对于分析电气线路，排除机床电路故障是十分有益的。机床线路电气原理图一般由主电路、控制电路、保护、配电电路等部分组成。阅读方法如下。

1. 主电路的阅读

阅读主电路时，应首先了解主电路中有哪些用电设备，各起什么作用，受哪些电器的控制，工作过程及工作特点是什么（如电动机的启动、制动方式、调速方式等）。然后再根据生产工艺的要求了解各用电设备之间的联系。在充分了解主电路的控制要求及工作特点的基础上，再阅读控制电路图（如各电动机启动、停止的顺序要求、联锁控制及动作顺序控制的要求等）。

2. 控制电路的阅读

控制电路一般由开关、按钮、接触器、继电器的线圈和各种辅助触头构成，无论简单或复杂的控制电路，一般均由各种典型电路（如延时电路、联锁电路、顺控电路等）组合而成，用以控制主电路中受控设备的"启动""运行""停止"，使主电路中的设备按设计工艺的要求正常工作。对于简单的控制电路，只要依据主电路要实现的功能，结合生产工艺要求及设备动作的先、后顺序仔细阅读，依次分析，就可以理解控制电路的内容。对于复杂的控制电路，要按各部分所完成的功能，分割成若干个局部控制电路，然后与典型电路相对照，找出相同之处，本着先简后繁、先易后难的原则逐个理解每个局部环节。再找到各环节的相互关系，综合起来从整体上全面地做一分析，就可以将控制电路所表达的内容读懂。

3. 保护、配电线路的阅读

保护电路图的构成与控制电路基本相同，主要是根据电气原理图要达到的工艺要求，为避免设备出现故障时可能造成的损伤事故所设的各种保护功能。阅读时在图纸上找到相应的保护措施，找出它与控制电路的联系。这样就能掌握电路的各种保护功能，最后再阅读配电路的信号指示、工作照明、信号检测等方面的电路。

当然，对于某些机械、电气、液压配合较紧密的机床设备只靠电气原理图是不可能全部理解其控制过程的，还应充分了解有关机械传动、液压传动及各种操纵手柄的作用，才可以清楚全部的工作过程，此外只有在阅读了一定量的机床线路图的基础上才能熟练、准确地分析电气原理图。

二、机床电气控制电路故障的一般分析方法

1. 检修前进行调查

（1）问

询问机床操作人员故障发生前、后的情况，有利于根据电气设备的工作原理来判断发生故障的部位，分析出故障的原因。

（2）看

观察熔断器内的熔体是否熔断；其他电气元件是否有烧毁、线头脱落，导线连接螺钉是否松动；触头是否氧化、积尘等。要特别注意高电压、大电流的地方，活动机会多的部位，容易受潮的接插件等。

（3）听

电动机、变压器、接触器等装置在正常运行时的声音和发生故障时的声音是有区别的，听声音是否正常，可以帮助寻找故障的范围、部位。但前提条件是在线路还能正常运行而且不扩大故障范围的情况下，才能通电试车。

（4）摸

电动机、电磁线圈、变压器等发生故障时，温度会显著上升，可切断电源后用手去触摸判断元件是否正常。

2. 从机床电气原理图进行分析

确定产生故障的可能范围，机床电气设备发生故障后，为了能根据情况迅速找到故障的位置并予以排除，就必须熟悉机床的电气线路，机床的电气线路是根据机床的用途和工艺要求而定的，因此了解机床的基本工作原理，加工范围和操作程序对掌握机床控制线路和各环节的作用具有一定的意义。任何一台机床的电气线路总是由主电路和控制电路两大部分组成，而控制电路又可分为若干个控制环节。分析电路时，通常先从主电路开始，了解机床各运动部件和辅助机构采用了几台电动机拖动，从每台电动机主电路中使用接触器的主触头连接方式，大致可以看出电动机是否有正反转控制、是否采用了减压启动、是否有制动等，然后再去分析控制电路的控制方式，结合故障现象和线路的工作原理进行分析，便可迅速判断出故障发生的可能范围。

3. 进行外表检查

判断了故障可能产生的范围后，可在此范围内对有关电器元件进行外表检查，例如，

熔断器熔断或松动、接线头脱落、线圈烧毁、开关失灵等，都能明显的显示故障所在。

4. 试验控制电路的动作顺序

此方法尽可能在切断电动机主电路电源，只有控制电路带电的情况下进行检查，具体做法是：操作某一只按钮式开关时，线路中有关的接触器、继电器将按规定的动作顺序进行工作。若依次动作至某一电器零件发现动作不符，则说明此零件或相关电路有问题，再在此电路中逐项分析检查，一般可发现故障。

5. 利用仪表检查

利用万用表、钳形电流表、兆欧表对电阻、电流、电压等参数进行测量，从测量电流、电压是否正常，三相是否平衡，导线是否开路、短路，从而找到故障点。

三、机床电路故障在缺乏电气原理图时的分析方法

首先，查清不动作的电动机工作电路。在不通电的情况下，以该电动机的接线盒为起点开始查找，顺着电源线找到相应的控制接触器，然后，以此接触器为核心，一方面从主触头开始，继续查到三相电源，查清主电路；另一方面从接触器线圈的两个接线端子开始向外延伸，经过什么电器，弄清控制电路的来龙去脉。必要的时候，边查找边画出草图。若需拆卸时，要记录拆卸的顺序、电器结构等，再采取排除故障的措施。

四、检修机床电气故障时的注意事项

① 检修前应将机床清理干净。

② 将机床电源断开。

③ 电动机不能转动，要从电动机有无通电，控制电动机的接触器是否吸合入手，决不能立即拆修电动机。通电检查时，一定要先排除短路故障，在确认无短路故障后方可通电，否则，会造成更大的事故。

④ 当需要更换熔断器的熔体时，必须选择与原熔体相同的型号，不得随意扩大，以免造成意外的事故或留下更大的后患。熔体的熔断，说明电路存在较大的冲击电流，如短路、严重过载、电压波动很大等。

⑤ 热继电器的动作、烧毁，也要求先查明过载原因，不然的话，故障还是会复发的，并且修复后一定要按技术要求重新整定保护值，并要进行可靠性试验，以避免发生失控。

⑥ 用万用表电阻挡测量触头、导线通断时，量程置于"×1Ω"挡。

⑦ 如果要用兆欧表检测电路的绝缘电阻，应断开被测支路与其他支路联系，避免影响测量结果。

⑧ 在拆卸元件及端子连线时，特别是对不熟悉的机床，一定要仔细观察，理清控制电路，千万不能蛮干。要及时做好记录、标号，避免在安装时发生错误，方便复原。螺丝钉、垫片等放在盒子里，被拆下的线头要做好绝缘包扎，以免造成人为的事故。

⑨ 试车前先检测电路是否存在短路现象。在正常的情况下进行试车，应当注意人身及设备安全。

⑩ 机床故障排除后，一切要恢复到原来样子。

五、起重设备的分类介绍

起重设备按结构分，有桥式、塔式、门式、桅杆式、履带式、门座式和缆索式等多种（图5.89），不同结构的起重设备分别应用于不同的场合。生产车间内使用的是桥式起重机，常见的有5t、10t型单钩和15/3t、20/5t型双钩等。

（a）履带式	（b）缆索式	（c）门座式
（d）门式		（e）塔式
（f）桅杆式		（g）桥式

图5.89 起重设备分类

六、起重机的安全操作规程

1. 设备操作前一般要求及准备工作

① 接班前应提前15分钟到达现场，进行接班准备工作，全面观察车上及周围情况，并应对控制设备进行检查，如发生控制器、限位器、制动器、紧急开关、电铃主要机件失灵，钢绳跳槽、打折及达报废标准，未经处理，不得开动。检查完毕，鸣铃警告两次以上，再手合闸送电。

② 合闸后进行试车，检查闸瓦及张合情况防止单闸工作，发现隐患，及时处理，反馈信息，待设备处理好后，方可投入吊运作业，防止设备带病工作，发生安全及设备事故。

③ 开车前应把各控制手柄都放到零位，在得到指挥信号后方能进行操作，启动前

应发出警告信号，确认安全后，方能开车。

④ 起重机工作时，任何人都不准停留在车上（观察和检查起重机设备情况者例外；但此时驾驶员须听从在车上的检修人员的指挥）。

2. 设备运转中应注意的事项

① 当起重机运行时，禁止打开启动装置，启动电阻，配电盘等进行检视，禁止在任何部件进行润滑，对电器设备进行检查时，电器设备本身应该断电。

② 起重机吊运重物和液态金属时，应当先吊起 0.5m 左右的高度试闸，试验起升机构制动性能如只有单边制动器不能吊液态金属，起升机构吊有负荷时，严禁对制动器进行调整。

③ 起重机驾驶员必须听从领行员的指挥，若发现任何人发出的紧急停车信号，均应立即停车，经了解清楚后方可开车，操作时若遇到地面信号不明，指挥杂乱，视线不清时，应暂停吊运。

④ 在正常使用中不得撞车，二车相近时应相照应，需推车时应经双方同意，方可缓慢推车，防止猛撞受震。

⑤ 起重机吊运液体金属或物件时，打铃让地面人员避让，应尽量绕过重要设备或潮湿区域；如必须通过时，应高度集中精力，缓慢运行，防止造成事故。

⑥ 凡出现铁、钢水穿包等事故时，驾驶员要沉着冷静，不得将钢包吊得太高，绕过有水和潮湿的地方，更不可在人员或重要设备上越过。

⑦ 在运行中，发现起重机有异常现象，必须立即停车检查，排除故障，未找出故障原因，不能开车。

⑧ 工作前检查或操作过程中发现有问题、隐患时必须及时处理和反馈、报告。

⑨ 下降操作规程：重物的长距离下放，只允许用在第三挡；第一、二两挡仅供短距离重载低速调整用，第一挡必须是重量大于约 70% 额定负荷时，才能应用，如重物很轻，会产生上升现象，第二挡应在负载约为 40%～60% 范围内使用；轻了会产生上升现象重了会有超速的危险。无论负载是多少，此二挡都不允许长距离下放重物，否则易使启动电阻过热烧坏，由于电机容量选择较富裕，在此二挡重物有可能下不去。第三挡是过渡特性，特别是重载时，手柄要很快滑过去，这样可以保证在电机到达同步转速之前，避免了超速的危险。如果是很轻的负载（如小于 30% 额定值），需要低速调整，则可应用第三挡进行点动操作。

副起升机构控制、电气原理和操作规程过程都与主起升机构相同，故不再详述。

3. 设备正常停车操作程序及注意事项

① 工作完毕，吊具钳必须放回地面规定位置，吊钩升至安全位置，小车停放在大梁中央，切断电源，停车等待，防止起重机设备因制动系统失灵而造成溜钩事件，伤及人员或损坏地面设施。

② 在正常操作过程中不能依靠"限位开关"停车，以免限位开关失效，发生事故。

③ 工作完毕，离开驾驶室，必须切断紧急开关，拉下电源总闸刀，各控制开关放

在零位，主副钩升到安全位置方能离开。

④ 必须在起重机停稳后才能上下车，任何人上下必须与操作者联系好，严禁从一台车跨越到另一台车。

4. 设备紧急停车（或事故停车）的操作程序及注意事项

① 事故停车（或紧急停车）时，如发现停不下来或控制失灵，可先拉下紧急开关（或操作开关），再拉下空气断路器，切断电源，待处理好事故再恢复运转状态。

② 停车操作时，遇突然停电，应拉下总闸刀，各操作手推到零位，通电后再按开车步骤开车。

③ 当发生紧急情况时，可切断起重机总电源，立即停车，但对正在吊运液钢时，因制动失效，钢包在重力作用下会自动下降，故绝不能扳动紧急开关，切断总电源，应该用控制器（开到下降最后一挡），使钢包依靠电机下降，并找安全地方放下，如找不到安全地点，下降到一定高度后，拉到刹车挡再上升，反复上下运行，直到找到安全地方放下为止。

5. 设备安全及严禁事项

① 驾驶员在开车时，必须集中精力，认真操作，上班前和班中绝对禁止喝酒。

② 起重机吊物时（特别是吊运液体金属）严禁从人头上和主要设备经过，严禁利用起重机设备与地面人员开玩笑。

③ 在同一轨道上有数台起重机运行时，必须注意彼此距离，当两台起重机靠近时，应鸣铃通知，以免撞车，如需推车时，应缓慢推动，严禁快速冲击，发现问题应立即停车。

④ 运行中发现钢丝绳跳出卷筒或出槽应立即停车处理，以免拉断。

⑤ 在多层起重机同时作业的区域，必须注意上下层起重机的位置，以免发生碰撞。

⑥ 严禁用龙门主钩单边钩吊任何物件，双钩必须在平衡条件下起吊。

七、凸轮控制器

凸轮控制器是一种大型手动控制电器。用来直接操作与控制电动机的正反转、调速、启动与停止，广泛用于中、小型起重机的平移机构和小型起重机提升机构的电动机控制。

由于它直接控制电动机工作，所以触头容量大并有灭弧装置。其结构如图5.90所示，主要由触头、转轴、凸轮、杠杆、手柄、灭弧装置及定位机构等组成。当转轴在手柄扳动下转动时，固定在轴上的凸轮同轴一起转动，当凸轮的凸起部位支住杠杆上的滚子时，便将动、静触头分开；当凸起部位与滚子相对时，触头复位，实现了触头接通与断开的目的。

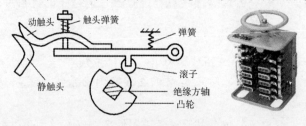

图 5.90　凸轮控制器结构原理图

在方轴上可以叠装不同形状的凸轮块，以使一系列动、静触头按预先安排的顺序接通与断开。将这些触头接到电动机电路中，便可实现控制电动机的目的。

常用的凸轮控制器有 KT10、KT14 型。额定电流有 25A、60A。

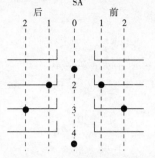

图 5.91　控制器的图形符号

凸轮控制器的常用技术数据有额定电流、工作位置数、触头数等。按重复短时工作制设计，通电持续率为 25%。如用于间断长期工作时，其发热电流不应大于额定电流。

控制器的图形符号如图 5.91 所示。竖虚线为工作位置，横线为触头位置，在横竖两条线交点处有"·"，表示该位置这一对触头是闭合接通的；若无"·"，表示该触头在这一位置是断开的。该图有 4 对触头，前后共 4 个操作位置，"0"表示手柄处在中间位置。

八、主令控制器

凸轮控制器控制电路具有结构简单、维修方便、经济等优点。但由于控制器触头直接用来控制电动机主电路，所以要求触头容量大，控制器体积增大，操作不便，并且不能获得低速下放重物。为此，当电动机容量较大，工作繁重，操作频繁，调速性能要求较高时往往采用主令控制器。由主令控制器的触头来控制接触器，再由接触器来控制电动机。这样，控制器的触头容量可大大减小，操作轻便。同时，通过接触器来控制电动机可获得较好的调速性能，更好地满足起重机的控制要求。

主令控制器是用来频繁切换复杂的多个控制电路的主令电器，它主要用作起重机、轧钢机及其他生产机械磁力控制盘的远距离控制。

主令控制器的结构与工作原理基本上和凸轮控制器相同，如图 5.92 所示，它也是利用凸轮来控制触头的断合的。在方形转轴上安装一串不同形状的凸块，当手柄在不同位置时，就可获得同一触头接通或断开的效果。再由这些触头去控制接触器，就可以获得按一定要求动作的电路了。主令控制器的图形符号与凸轮控制器相同。

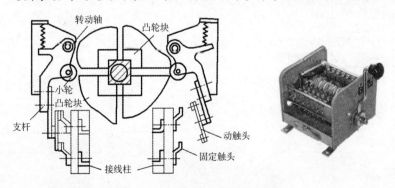

图 5.92　主令控制器结构示意图

目前生产和使用的主令控制器主要有 LK14、LK15、LK16 型。其主要技术性能为：额定电压为交流 380V 以下及直流 220V 以下；额定操作频率为 1200 次/h。

九、镗床的类型

镗床按功能分类见图 5.93，表 5.16 介绍了常用镗床的类型及特点。

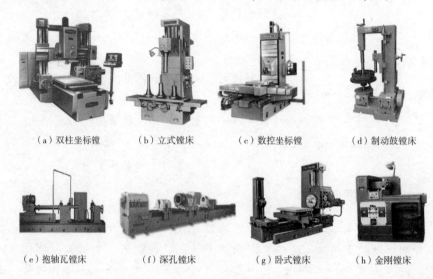

| （a）双柱坐标镗 | （b）立式镗床 | （c）数控坐标镗 | （d）制动鼓镗床 |

| （e）抱轴瓦镗床 | （f）深孔镗床 | （g）卧式镗床 | （h）金刚镗床 |

图 5.93　镗床分类

表 5.16　镗床类型及特点

镗床类型	特　点
卧式镗床	卧式镗床是镗床中应用最广泛的一种。它主要是孔加工，镗孔精度可达 IT7，表面粗糙度 R_a 值为 $1.6\sim0.8\mu m$，卧式镗床的主参数为主轴直径
坐标镗床	坐标镗床是高精度机床的一种。它的结构特点是有坐标位置的精密测量装置。坐标镗床可分为单柱式坐标镗床、双柱式坐标镗床和卧式坐标镗床。 单柱式坐标镗床：主轴带动刀具做旋转主运动，主轴套筒沿轴向做进给运动。特点：结构简单，操作方便，特别适宜加工板状零件的精密孔，但它的刚性较差，所以这种结构只适用于中小型坐标镗床。 双柱式坐标镗床：主轴上安装刀具做主运动，工件安装在工作台上随工作台沿床身导轨做纵向直线移动。它的刚性较好，目前大型坐标镗床都采用这种结构。双柱式坐标镗床的主参数为工作台面宽度。 卧式坐标镗床：工作台能在水平面内做旋转运动，进给运动可以由工作台纵向移动或主轴轴向移动来实现。它的加工精度较高
金刚镗床	金刚镗床的特点是以很小的进给量和很高的切削速度进行加工，因而加工的工件具有较高的尺寸精度（IT6），表面粗糙度可达到 $0.2\mu m$
落地镗床	落地镗床是加工大型零件和重型机械构件的镗床，其结构特点是：一般不设工作台，工件装夹在同机床分开的大型平台上，无工作台进给机构，主轴箱、立柱安装在滑板上，滑板可沿床身导轨移动

参 考 文 献

[1] 李敬梅. 电力拖动控制线路与技能训练 [M]. 4 版. 北京：中国劳动社会保障出版社，2007.

[2] 季顺宁. 电工电路设计与制作 [M]. 北京：电子工业出版社，2007.

[3] 肖建章. 高级维修电工综合技能训练 [M]. 北京：中国劳动社会保障出版社，2004.

[4] 徐建俊，史宜巧. 设备电气控制与维修 [M]. 2 版. 北京：电子工业出版社，2016.

[5] 周希章，等. 机床电路故障的诊断与修理 [M]. 北京：机械工业出版社，2004.